P BRINDHA DEVI
S IVO ROMAULD
Kannan Mirunalini

Estudos de investigação sobre plantas medicinais combinadas

P BRINDHA DEVI
S IVO ROMAULD
Kannan Mirunalini

Estudos de investigação sobre plantas medicinais combinadas

Murraya koenigii e Espargos racemosos

ScienciaScripts

Imprint
Any brand names and product names mentioned in this book are subject to trademark, brand or patent protection and are trademarks or registered trademarks of their respective holders. The use of brand names, product names, common names, trade names, product descriptions etc. even without a particular marking in this work is in no way to be construed to mean that such names may be regarded as unrestricted in respect of trademark and brand protection legislation and could thus be used by anyone.

Cover image: www.ingimage.com

This book is a translation from the original published under ISBN 978-620-7-80542-6.

Publisher:
Sciencia Scripts
is a trademark of
Dodo Books Indian Ocean Ltd. and OmniScriptum S.R.L publishing group

120 High Road, East Finchley, London, N2 9ED, United Kingdom
Str. Armeneasca 28/1, office 1, Chisinau MD-2012, Republic of Moldova, Europe
Printed at: see last page
ISBN: 978-620-8-19993-7

ÍNDICE

CAPÍTULO 1
INTRODUÇÃO

1. Medicina da natureza *"O nosso mundo é construído sobre a biologia e quando começamos a compreendê-la. Torna-se então uma tecnologia".*

À medida que os homens entram na nova era, novas doenças mais avançadas continuam a acompanhá-los. Estas doenças estão a tornar-se mais resistentes aos actuais medicamentos e tratamentos modernos e tradicionais. Tradicionalmente, as plantas são utilizadas para tratar várias doenças e lesões exclusivamente em todo o mundo. As plantas são a fonte fácil e prontamente disponível para tratamentos médicos em áreas rústicas. Estas plantas ainda são aceites como medicamentos nestas zonas. As plantas estão sempre à nossa volta, seja perto de estradas, passeios, jardins, casas, estações de caminho de ferro ou mesmo aeroportos. Estas plantas encontram-se quer no seu ambiente natural quer num habitat criado pelo homem.

São uma fonte renovável disponível em massa que persiste em existir apesar dos ambientes adversos e das catástrofes naturais. A necessidade de terra e de alimentos por parte dos seres humanos pôs termo à existência de algumas destas plantas, levando-as à beira da destruição. No mundo moderno, existem novas tecnologias e métodos para evitar a aniquilação das espécies vegetais, como os bancos internacionais de sementes, o cultivo de sementes sintéticas, a plantação em estufas, os santuários de plantas, etc. Estes métodos ajudam a armazenar sementes de plantas inexistentes e a própria planta, para que possam ser cultivadas no futuro, quando estiverem perto da destruição ou quando a sua necessidade for de importância vital. Na Índia, existem muitos livros siddha desactualizados sobre as plantas medicinais disponíveis e as suas utilizações.

Estes medicamentos tradicionais continuam a ser consumidos por numerosas pessoas, mesmo na era moderna, pois os produtos à base de plantas medicinais são mais seguros, estão amplamente disponíveis e não causam efeitos secundários. As plantas são a fonte primária de muitos dos medicamentos modernos, por exemplo, a cocaína, que é utilizada como anestésico local, provém da planta *Erythroxylum coca* (planta da coca) [1]. Atualmente, a síntese de medicamentos à base de plantas tem suscitado grande interesse, uma vez que os medicamentos tradicionais provocaram um aumento do estudo científico das plantas medicinais.

Com a evolução dos seres humanos, novas doenças estão a evoluir juntamente com eles. Este é o resultado de alterações no ambiente, nos hábitos alimentares e no interesse individual em manter a saúde. Tal como os seres humanos se estão a adaptar às novas mudanças, as doenças estão a tornar-se mais resistentes aos actuais medicamentos e tratamentos modernos e tradicionais.

O costume atual é tornar-se ecológico, uma vez que muitas pessoas começam a recorrer a medicamentos disponíveis naturalmente em vez da medicina moderna. Isto deve-se aos efeitos determinantes que estes medicamentos modernos têm sobre a saúde humana e aos efeitos secundários que podem advir do seu consumo.

As plantas tradicionalmente disponíveis têm sido utilizadas para tratar ferimentos e doenças desde que a vida começou a existir. Os textos ayurvédicos da antiguidade referem o valor medicinal e as utilizações de algumas destas plantas medicinais. Até à data, as plantas tradicionais são utilizadas para tratamentos medicinais nas zonas rurais. As plantas são a fonte fácil, abundante e prontamente disponível que se propõe como medicamento em muitas zonas rurais. Estes recursos vegetais renováveis são fontes renováveis que persistem apesar de ambientes exigentes e calamidades naturais.

A necessidade de terra e de alimentos por parte dos seres humanos fez cessar a presença de algumas destas plantas, levando-as à beira da extinção. Atualmente, no mundo moderno, são utilizadas novas tecnologias e métodos para evitar a extinção destas espécies vegetais através de bancos internacionais de sementes, cultivo artificial de sementes, plantação em estufas, santuários de plantas, etc. Estes métodos modernos ajudam a armazenar sementes de plantas extintas e a própria planta para as preservar para cultivo futuro, quando atingirem o ponto de extinção ou quando forem de importância vital.

Na Índia, existem muitos livros siddha tradicionais e textos ayurvédicos sobre as plantas medicinais disponíveis e as suas utilizações. Estes medicamentos tradicionais continuam a ser consumidos por numerosas pessoas, mesmo na era moderna, pois os produtos à base de plantas medicinais são mais seguros, estão amplamente disponíveis e não causam efeitos secundários. As plantas são a fonte primária de muitos dos medicamentos modernos, por exemplo, a morfina, utilizada para o tratamento analgésico, provém da planta *Papaver somniferunm* (papoila).

Uma grande parte da população dos países em desenvolvimento utiliza medicamentos tradicionais isoladamente ou em conjunto com a medicina ocidental para tratar um vasto tipo de doenças.

Raramente tem havido uma colaboração efectiva entre os médicos tradicionais e os médicos ocidentais, em grande parte devido à perceção de que a utilização de medicamentos antigos e aromatizantes não tem base científica. Com o reavivar do interesse dos países ocidentais pelos remédios à base de plantas e a necessidade cada vez mais premente de desenvolver novos medicamentos eficazes, as plantas saudáveis tradicionalmente utilizadas receberam recentemente a atenção das comunidades farmacêutica e científica.

Isto envolve o isolamento e a identificação dos metabolitos secundários produzidos pelas plantas e utilizados como princípios activos em preparações médicas. A análise da validação científica das plantas saudáveis da África Austral utilizadas no tratamento da dor e inflamação, doenças cardiovasculares e doenças parasitárias, incluindo as que têm atividade anti-helmíntica, anti-amoébica, anti-bacteriana e anti-bilharzia, é o atual foco dos estudos conduzidos no Centro de Investigação para o Crescimento e Desenvolvimento de Plantas As plantas estão continuamente a ser investigadas por académicos e cientistas que muitas vezes enfrentam dificuldades devido à escassez de informação autêntica sobre a identidade, habitat e condição de coleta e uso de plantas medicinais. As drogas indicadas nos textos medicinais tradicionais são específicas para alguma doença ou outro efeito comprovado nos povos indígenas. No entanto, devido à falta de provas, as pessoas não reconhecem o seu significado medicinal.

Importância das plantas medicinais

As plantas medicinais encontram-se em muitas regiões e em diferentes condições. Algumas são raras e outras são muito comuns. Algumas plantas que são muito comuns, facilmente disponíveis e que podem ser cultivadas facilmente e que são frequentemente utilizadas no dia a dia por muitas pessoas são o Aloé vera, Bael, Carambola, Coentros, Canela, Alfazema, Erva-cidreira, Alfena, Calêndula, Neem, Hortelã-pimenta, Manjericão (Tulsi), *Murraya koenigii* e *Asparagus racemosus.* Estas plantas são consumidas como alimento ou aplicadas sobre o corpo como loções ou cremes.

As plantas são também consumidas diariamente pelos homens como fonte de alimento. Dois desses produtos alimentares são *M.koenigii* e *A.racemosus* que possuem valores medicinais vitais. *A M.koenigii* é vulgarmente conhecida como folhas de caril. Encontra-se naturalmente na Índia, no Sri Lanka e noutros países do sul da Ásia. Tem uma natureza aromática e possui um cheiro forte e atípico. Tradicionalmente, as folhas *de M.koenigii* são utilizadas para tratar várias doenças. A árvore *M.koenigii* tem uma casca cinzenta por baixo da qual está presente uma casca branca. As folhas *da M.koenigii* têm uma margem lisa nos seus folhetos, conhecida como bipinada. *M.Koenigii*, pertence à família Rutaceae, normalmente chamada árvore de folhas de caril, pode ser nativa do país asiático, da República Socialista Democrática do Sri Lanka e de diferentes países do sul da Ásia. encontra-se praticamente em todos os lugares dentro da massa terrestre indiana, partilha a natureza aromática, muito ou menos arbusto ou árvore de folha caduca até seis m de altura e 15-40 cm de diâmetro com tronco curto, casca cinzenta ou castanha e coroa densa e sombria cinco.

A maior parte da planta é coberta com penugem fina e tem um cheiro peculiar e robusto. *M.koenigii* é um género de árvore, nativo da Ásia tropical, desde as colinas do sopé dos Himalaias do país asiático até ao Sri Lanka, para leste, através da União da Birmânia, Indonésia, Sul da China e Hainan. A *M.koenigii* tem casca cinzenta, com estrias longitudinais e, num local mais baixo, a sua casca branca é presente. As folhas são compostas bipinadas, com 15-30 cm de comprimento, cada uma com 11-25 folíolos alternados na ráquis, ovados subdivididos com 2,5-3,5 cm de comprimento e base oblíqua de grau associado. As margens são criadas de forma irregular, os pecíolos têm um comprimento de 2-3 unidades lineares métricas, as flores são bissexuais, brancas, em forma de funil, com um aroma doce, pedunculadas, completas, ebracteadas, regulares, com um diâmetro médio da flor totalmente aberta de, em média, 1,12 cm, a inflorescência, com cimeiras terminais, cada uma com 60-90 flores. Os frutos são ovóides a subglobosos, enrugados ou rugosos com glândulas. Têm as dimensões de dois,5 cm de comprimento e zero,3 cm de diâmetro e tornam-se pretos arroxeados quando amadurecem. A unidade de área dos frutos é geralmente bi-semente. As sementes ocorrem geralmente na cor espinafre inexperiente, com 11 mm de comprimento, oito unidades lineares métricas de diâmetro e pesam até 445 mg.

A.racemosus é vulgarmente conhecido como espargo ou Shatamuli, que é largamente utilizado como medicina tradicional no Bangladesh. Encontra-se na Índia, no Sri Lanka, nos Himalaias e no Nepal, principalmente no continente asiático. *O A.racemosus* trata várias doenças, como tumores, inflamações, problemas cardíacos, bronquite e muitas outras doenças infecciosas. *Os espargos* contêm 93% de água. Várias partes do *A.racemousus* são utilizadas para tratamentos medicinais. *A.racemosus* encontra-se a baixas altitudes em toda a República da Índia. As raízes secas da planta são utilizadas como medicamento. A quantidade quadrada de raízes é a mesma para ser um medicamento tónico e diurético e galactagogo, o medicamento tem um resultado de cura de ulceração muito provavelmente através do reforço da resistência da camada de tecido ou citoprotecção. Além disso, sabe-se mutuamente do medicamento para regular os sintomas da SIDA.

O A.racemosus também tem sido utilizado com sucesso por alguns profissionais ayurvédicos para doenças neurológicas, inflamações e doenças transmissíveis. No entanto, nenhuma prova científica justifica os usos mencionados do extrato de raiz de *A.racemosus* até agora.

Recentemente, foram apresentados poucos relatórios sobre os efeitos benéficos do extrato alcoólico e aquoso das raízes de *A.racemosus* em algumas condições clínicas e em doenças induzidas por experimentação, por exemplo, efeitos galactogogos, antihepatotóxicos, efeitos imunomoduladores, resultados imunoadjuvantes, resultados antilíticos e teratogenicidade.

Aplicação de folhas *de murraya koenigii*

A aplicação inclui anti-disentéricos e para o tratamento da diabetes mellitus. São utilizados para promover o apetite e a digestão. Ajuda a prevenir o vómito. As folhas são utilizadas como estomacal, purgativo, febrífugo e anti-anémico. A pasta de folhas é utilizada para tratar contusões e erupções, aplicando-a nas regiões lesionadas. Ajuda a tratar as hemorróidas, alivia o calor do corpo, inflamações, comichão e sede. Valioso no Vitiligo e nas doenças do sangue A pasta de folhas de caril pode ser aplicada nas regiões das mordeduras de animais venenosos. As folhas de caril possuem as qualidades de um tónico forte. Reforçam as funções do abdómen e promovem a sua ação. Além disso, são utilizadas como um laxante ligeiro. As folhas também são tomadas misturadas com diferentes ervas de sabor delicado. O sumo extraído de quinze gramas de folhas é também o leite de ponto.

Cura das perturbações digestivas

O sumo fresco de folhas de caril, com sumo e açúcar, é um medicamento eficaz no tratamento de doenças, náuseas e reflexos instintivos devido a perturbações do estômago e ao uso excessivo de gorduras. Uma ou duas colheres de chá de sumo destas folhas misturado com uma colher de chá de sumo também é tomado nestas condições. As folhas de caril, moídas até se tornarem uma pasta fina e misturadas com leite, podem ser tomadas com o abdómen vazio associado, com fins úteis em caso de perturbações abdominais. As folhas tenras de caril são úteis na soltura dos intestinos, doenças infecciosas e hemorróidas. Devem ser tomadas, misturadas com mel. A casca da árvore é adicionalmente útil no reflexo instintivo bilioso. Uma colher de chá do pó ou o cozimento da casca seca deve ser inclinado com água fria durante esta condição.

Propriedade antidiabética

Comer dez folhas grandes e recentes de caril todas as manhãs durante 3 meses é alegadamente capaz de prevenir doenças poligénicas devido a factores hereditários. Além disso, cura a doença poligénica por causa da gordura, porque as folhas têm propriedades de redução de peso.

Curar os problemas renais

A raiz da planta do caril tem também propriedades medicinais. O sumo da base será tomado para aliviar a dor relacionada com os rins.

APLICAÇÃO de *Asparagus racemosus*

A aplicação inclui a prevenção e o tratamento de úlceras gástricas e indigestão. Tratamento de doenças neurodegenerativas. Tratamento da diarreia e da disenteria. Tratamento da tosse, edema, reumatismo e febres crónicas. Secreção de leite materno. Ajuda no tratamento do cancro, diabetes, ressaca, reumatismo, tuberculose, depressão, doenças neurodegenerativas, síndrome pré-menstrual e saúde óssea. Tem um impacto positivo no sistema respiratório, ajudando a erradicar as substâncias nocivas e tóxicas que se acumulam nos pulmões. Afecta a transmissão dos impulsos nervosos no SNC.

Doenças renais

Os espargos são considerados uma droga inteligente que ajuda a estimular a produção de resíduos corporais no órgão excretor. Isto ajuda a desintoxicar o corpo e a eliminar os resíduos. Ajuda também a eliminar os fluidos mantidos em intervalos no corpo. Devido a estes efeitos, os pacientes que sofrem de inflamação do órgão excretor (nefrite) podem considerar útil o consumo de espargos em quantidades moderadas.

Perda de peso

Os espargos fornecem apenas algumas calorias e uma quantidade acessível de fibras. Isto faz com que produzam uma sensação de repleção no abdómen. Para além disso, têm pouco ou nenhum teor de gordura. Estas propriedades dos espargos fazem deles um alimento ideal para as pessoas que desejam perder algum peso. De facto, os espargos podem ser incluídos nas suas dietas de emagrecimento para obter resultados ainda melhores. É frequentemente consumido com algumas gotas de limão que actuam como tempero.

Prisão de ventre

O consumo de espargos pode também ser muito útil em casos de obstipação, que se caracteriza por dificuldades na passagem do produto excretor ou por uma eliminação pouco frequente do produto excretor. Os espargos possuem um importante teor de fibras alimentares que trazem inúmeras vantagens para o sistema gastrointestinal. Fibras que actuam como um laxante eficaz, combatem a obstipação adicionando algum volume às fezes e estimulando a ação peristáltica do intestino para que as fezes desçam facilmente pelo cólon.

Infertilidade

O espargo racemoso é amplamente utilizado na medicação ayurvédica como um potente afrodisíaco para apimentar o desempenho sexual e melhorar a fertilidade normalmente. Os espargos contêm conjuntamente quantidades importantes de vitamina solúvel em gordura, que aumentará o fluxo sanguíneo e o número atómico 8 fornecerá ao órgão reprodutor. Está conjuntamente preocupado com a produção de hormonas sexuais que impulsionam o impulso sexual. Além disso, o conteúdo barato de vitamina C que contém facilitará o aumento da contagem de gâmetas e nutrirá as suas células.

Doença neurodegenerativa

Os espargos têm alegadamente efeitos protectores sobre doenças neurodegenerativas como a doença de Alzheimer e a doença de Parkinson. Este facto foi comprovado por uma investigação revelada na revista Annals of Neurosciences. A análise utilizou o extrato de raiz de espargos para avaliar os seus efeitos neuroprotectores em animais experimentais e em seres humanos em estudos clínicos. Os resultados recomendaram a utilização do extrato de raiz de espargos como tratamento alternativo para perturbações psicológicas. Além disso, alguns extractos de *Asparagus racemosus* são delineados como rejuvenescedores e tónicos nervosos que retardam o envelhecimento ao antagonizar as alterações crónicas. O envelhecimento pode ser um dos principais factores de perturbações psicológicas, uma vez que o declínio das caraterísticas psicológicas ocorre à medida que a pessoa envelhece.

Tuberculose

Há evidências crescentes de que o consumo de espargos é muitas vezes eficaz no tratamento da tuberculose. Alguns elementos deste glorioso vegetal têm sido atribuídos ao aumento da saúde dos tecidos dos órgãos respiratórios e, conjuntamente, ao alívio de infecções da garganta.

Colesterol

O Asparagus racemosus tem uma vasta história de utilização na medicina popular. Isto levou os investigadores a analisar o seu efeito sobre a colesterina no sangue. Aparentemente, uma pesquisa descobriu que ele elimina o excesso de colesterina no corpo, enquanto aumenta a produção de esteróides. A análise atribuiu esta propriedade terapêutica a alguns fitocomponentes presentes no extrato da sua raiz, que contém saponinas, fitoesteróis, polifenóis, flavonóides e antioxidantes.

CAPÍTULO 2
REVISÃO DA LITERATURA

Folhas *de Murraya koenigii*

A Murraya koenigii é vulgarmente conhecida como folhas de caril. Estas folhas são um ingrediente importante na cozinha indiana, promovendo o apetite e a digestão. Várias partes da *M.koenigii* têm uma utilização medicinal. As folhas, a casca e as raízes são tónicas, carminativas e estomacais. As folhas são utilizadas na disenteria e para retificar a sensação de vómito. Para curar erupções cutâneas e queimaduras na pele, as folhas são esmagadas e aplicadas como medicamento. Os ramos de *M.koenigii* são utilizados para escovar os dentes. No sistema de medicina ayurvédica, as folhas secas em pó misturadas com mel e sumo de noz de bétel são recomendadas como anti-periódico. Várias partes da *M.koenigii* foram analisadas quanto às suas actividades farmacológicas utilizando etanol, éter de petróleo, clorofórmio, metanol, extractos alcoólicos e aquosos. Relatórios anteriores sobre estudos antibacterianos em extractos de óleo essencial de *M.koenigii* mostraram inibição contra a bactéria *S.aureus*. Foi relatado que contém actividades anti-inflamatórias, antibacterianas e anti-tumorais. Os compostos Koenimbina, mahanimbina, mahanina e mahanimbolina presentes no extrato de *M.koenigii* mostraram actividades antidiarreicas e antibacterianas. Assim, foi provado que *a Murraya koenigii* tem uma atividade antibacteriana positiva expressa. O óleo essencial extraído da *M.koenigii* também pode ser utilizado como fator de proteção solar.

A atividade fluorescente do *M.koenigii* seco foi analisada utilizando produtos químicos como o álcool, o hidróxido de sódio, o ácido nítrico e o ácido sulfúrico. A fluorescência produzida sob a luz UV diferiu para cada produto químico de verde, verde-azulado, laranja, castanho-escuro, preto e verde-amarelado. O constituinte químico isolado do éter de petróleo da planta seca através do processo de cromatografia em coluna chamado maanimbina diminuiu o nível de açúcar no sangue. Esta maanimbina, juntamente com os alcalóides de carbazole de koenigina, expressam uma propriedade antioxidante satisfatória. Os extractos de folhas de etanol mostraram uma diminuição do nível de colesterol em ratos, o que foi utilizado para determinar a atividade hipocolesterolémica. Além disso, os extractos de etanol aumentaram a memória em ratos idosos. As lesões gástricas agudas foram induzidas por etanol, o teste de contenção pelo frio e a ligadura do piloro em ratos foram analisados para detetar a atividade anti-úlcera. Os extractos etanólicos de *M.koenigii* diminuem as feridas nos indivíduos considerados.

A motilidade gastrointestinal dos ratos Wister foi reduzida de forma notável pelos alcalóides carbazólicos bioactivos kurryam, koenimbina e koenina presentes nas folhas de caril.

Além disso, os constituintes do kurryam e da koenimbina produziram uma atividade inibitória contra a diarreia induzida pelo óleo de rícino. Os extractos metanólicos das folhas *de M.koenigii* foram analisados quanto à atividade analgésica e antinociceptiva. Foi efectuado um ensaio anti-tumoral no extrato de éter de petróleo de

Folhas *de M.koenigii* contra as linhas celulares MCF-7 da mama humana, HeLa do colo do útero humano e leucemia murina.

Alguns dos vários fitoquímicos presentes nas folhas *de M.koenigii* expressaram uma ou mais actividades farmacológicas, enquanto alguns constituintes como a Isomurrayazolinina, a Mukonidina, o Mahanimbinol, a Mukolina e a Mukolidina não expressaram qualquer atividade farmacológica.

Figura 2.1 Planta *Murraya koenigii*

Espargos racemosos

O Asparagus racemosus, vulgarmente conhecido como erva Rasayana nos textos ayurvédicos, é um adaptogénio que reforça o sistema imunitário para resistir a uma vasta gama de organismos invasores estrangeiros. Os espargos contêm 93% de água. Várias partes do *A.racemousus* são utilizadas para tratamentos medicinais. As raízes de *A.racemosus* tratam várias doenças como tumores, inflamações, problemas cardíacos, bronquite e muitas outras doenças infecciosas. O medicamento da raiz de espargos aumenta a secreção de leite e o apetite em mulheres lactantes. Foram efectuados estudos comparativos utilizando raízes frescas e secas de *A.racemosus. O A.racemosus* pertence à família dos lírios e é valorizado pelas suas propriedades terapêuticas. Os oligoelementos presentes na planta aumentam a capacidade de transporte de glucose da corrente sanguínea para as células. Ajuda a restaurar problemas relacionados com a mulher, como a menopausa, o ciclo menstrual irregular e as cólicas menstruais. *O A.racemosus* tem muitas propriedades biológicas, como antioxidante, imunoestimulante, imunomodulador, anti-inflamatório, anti-hepatóxico, antibacteriano, anti-citócico e agente reprodutor. *O A.racemosus* contém poucas calorias e muito pouco sódio. Funciona como uma boa fonte de vitamina B6, cálcio, magnésio e zinco.

É uma fonte muito boa de fibras alimentares, proteínas, beta-caroteno, vitamina E, vitamina C, vitamina K, tiamina, riboflavina, rutina, niacina, ácido fólico, ião e zinco. Relatórios anteriores sobre a propriedade antimicrobiana de *A.racemosus* foram comparados com as propriedades antimicrobianas de *Hagenia abyssinicia, Eversta africana* e *Ekebergia capensis sparrm.* A atividade antimirobiana de *A.racemosus* foi realizada contra a urina de vaca, mostrando resultados satisfatórios. A diversidade genética de *A.racemosus* foi analisada utilizando marcadores de amplificação aleatória de ADN polimórfico (RAPD). Foi efectuado um estudo comparativo da atividade afrodisíaca do A.racemosus com chlorophytum boriviliamm e Phizomus de curcoligo orcioidis. *O A.racemosus* foi analisado em comparação com o fármaco Gliclazida e o fármaco Pioglifazona para efeitos hipoglicémicos, hipolipidérmicos e hepatoprotectores. Foi efectuado um estudo comparativo in-vitro com Withania somnifera e *A.racemosus,* em que o conteúdo fenólico foi estimado juntamente com as actividades antiulcerosa e antioxidante. O tónico uterino sintetizado a partir de *A.racemosus* ajuda a melhorar a secreção de leite materno, este medicamento é chamado galactogogo e o melhor tónico para a saúde geral.

Figura 1.2 espargo racemoso

Estudos de combinação de *Murraya koenigii* e *Asparagus racemosus*

Foram efectuados estudos comparativos da *M.koenigii* com outras plantas medicinais, tais como folhas de hortelã, *Olea europaea, Moringa oleifera, Hibiscus sabdarrifa* e *Centella asiatica.* No entanto, as folhas *de M.koenigii* não foram combinadas com as plantas e avaliadas quanto a uma atividade combinatória da mistura de espécies vegetais. Foram efectuados estudos comparativos para o *A.racemosus* em comparação com três espécies de plantas de Hagenia abyssinica, Fuersta africana TCE fries e Ekebergia capensis sparrm relativamente à sua propriedade antimicrobiana e toxicidade. No entanto, o *A.racemosus* não foi combinado com as plantas e avaliado quanto a uma atividade combinada da mistura de espécies.

Análise de lacunas

As folhas *de M.koenigii* têm actividades farmacológicas *notáveis*, mas estudos anteriores elucidaram os estudos da planta com *A.racemosus*. Não foram efectuados estudos sobre os vários processos de extração utilizados para extrair amostras brutas destas duas amostras de plantas e sobre a forma como os vários processos de extração alteram os constituintes dos fitoquímicos das plantas.

A *A.racemosus* é uma planta cujos oligoelementos melhoram o transporte de glucose da corrente sanguínea para as células. Foram realizados estudos comparativos para as raízes frescas e secas de A.racemosus, mas estudos anteriores elucidaram como vários métodos de extração afectaram a taxa de folhas de *A.racemosus* na purificação e na composição fitoquímica. Nunca foi efectuado um estudo combinado de *M.koenigii* e *A.racemosus*. Já foram realizadas investigações sobre vários processos de extração, mas nesta investigação estão a ser implementadas duas combinações de plantas para os estudos de extração.

Importância das plantas medicinais do folclore

A medicina popular baseia-se em teorias, crenças e experiências nativas de diferentes culturas. A medicina popular existe em diferentes sociedades tradicionais como parte da sua cultura para garantir a segurança e a saúde das suas comunidades. As informações e os tratamentos relacionados com as doenças são transmitidos de geração em geração, verbalmente ou sob a forma de textos. A medicina folclórica popularmente conhecida é a Ayurveda, a Siddha, a Unani, a medicina iraniana, a medicina islâmica, a medicina tradicional chinesa, a medicina tradicional coreana, a acupunctura e a medicina tradicional africana.

Estes medicamentos servem de remédio caseiro comprovadamente eficaz no tratamento de certas doenças. Por exemplo, o consumo de iogurte de cultura viva reduz a infeção vaginal por leveduras.

As populações pobres urbanas e rurais da Índia confiam nos remédios à base de plantas, uma vez que estes estão ao seu alcance. Esta medicina levou a Organização Mundial de Saúde a compilar um registo de plantas medicinais dignas de nota. A observação e a validação do potencial dos medicamentos tradicionais podem ser empregues nos cuidados de saúde primários através dos medicamentos folclóricos.

Benefícios das plantas combinadas

A prática tradicional de ervas antigas mais prevalecente é o herbalismo chinês. Baseia-se no conceito de yin e yang e da energia Qi. As ervas que contêm propriedades "arrefecedoras" (yin) ou "estimulantes" (yang) são frequentemente utilizadas em combinação. (yang) são frequentemente utilizadas em combinação. A investigação mostra que o medicamento Kampo Juzen-taiho-to, um efeito de combinação de várias ervas, é um medicamento chinês que estimula a função imunitária das células da placa de Peyer. A decocção combinada de seis ervas desempenha um papel crucial na expressão da atividade das células da placa de Peyer. Estes estudos comprovam a eficácia da combinação de extractos de plantas no tratamento de doenças.

Instalações combinadas consideradas

Muitas plantas medicinais estão amplamente disponíveis e são consumidas como alimento numa base regular. Estas plantas podem ser cultivadas por indivíduos devido à sua utilização excessiva. As plantas desta natureza tomadas em consideração são *M.koenigii* e *A.racemosus.*

Aplicações da *Murraya koienigii*

Tradicionalmente, as folhas *de M.koenigii* são utilizadas como medicamento para tratar várias doenças.

A figura 2.7 mostra a aplicação de *Murraya Koienigii.*

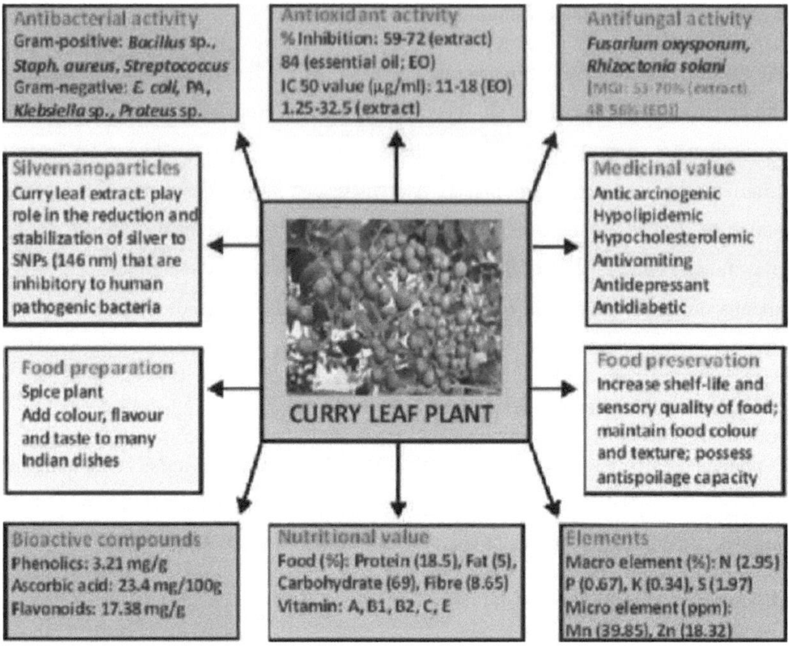

Figura 2.7 Diversas aplicações do *M.koenigii*

Atividade antibacteriana

Os extractos de óleo essencial de *M.koienigii* têm propriedades antibacterianas contra a bactéria *S.aureus*. A proteína monomérica isolada de *M. koenigii* mostrou uma atividade antibacteriana potente contra estirpes patogénicas humanas *Escherichia coli, S.aureus, Vibrio cholerare, Klebsiella pneumonia, Salmonella typhi* e *Bacillus subtilis.* Esta proteína monomérica é designada por proteína antioxidante.

O óleo essencial das folhas de *M. Koenigii* mostrou efeito contra *B. subtilis, S. aureus, C. pyogenes, P. vulgaris e Pasteurella multicida.* Este óleo puro foi ativo contra as bactérias mesmo a uma concentração elevada de 1:500. Os extractos de acetona de *M. koenigii* dão alcalóides carbazole bioactivos mahanimbina, murrayanol e mahanina que mostraram actividades mosquitocidas, antimicrobianas e de inibição da topoisomerase I e II.

Atividade antifúngica

O extrato de acetona de *M.koenigii* é ativo contra *Aspergillus niger,* o extrato de benzeno é ativo contra *Alternaria solani* e *Helminthosporium solani* e o extrato de etanol é ativo contra *Penicillum notatum.* A maanimbina isolada do extrato de éter de petróleo das folhas de *M.koenigii* inibiu a acetilcolinesterase.

O champô preparado a partir de uma combinação de ervas, incluindo folhas de caril, mostrou qualidade e segurança na utilização do champô. Estes extractos foram testados contra o fungo Malassezia através do método de difusão em disco e revelaram boas propriedades de limpeza e detergência.

Atividade anti-oxidante

A atividade antioxidante do *M.koenigii* foi realizada utilizando diferentes solventes. Foram avaliados com base no índice de estabilidade do óleo juntamente com a sua capacidade de eliminação de radicais contra 1-1-difenil-2-picrilhidrazil (DPPH).

O extrato de folhas de caril foi analisado quanto à atividade antioxidante através do ensaio de eliminação do radical 2, 2-difenil-2-picril-hidrazil (DPPH). Obteve-se uma inibição de 95,90%, o que comprova a sua capacidade antioxidante. As folhas *de M. koenigii* contêm mahanimbine, Bismurrayafoline E, Euchrestine, Bismahanine, Carotene e O-methyl mahanine que têm atividade antioxidante.

O extrato de água destilada, acetona, etanol e metanol das folhas de caril foi analisado quanto à atividade antioxidante com base no composto fenólico. O ensaio de eliminação do radical livre DPPH analisou a atividade antioxidante e mostrou um valor DPPH elevado de 67,83-13,78%.

Atividade anti-inflamatória

O extrato alcoólico da casca do caule é eficaz contra a inflamação induzida pela carragenina. Os extractos brutos da raiz também mostraram propriedades anti-inflamatórias. O extrato etanólico *de M.koenigii* mostrou acções anti-histamínicas no protocolo histamina-aerossol. Isto deveu-se à estabilização dos mastócitos e ao efeito anti-histamínico do extrato etanólico da folha que contribuiu para a propriedade anti-inflamatória.

Os extractos metanólicos das folhas mostraram uma redução significativa do edema da pata induzido pela carragenina em comparação com o extrato aquoso. Os extractos de éter de petróleo e hexano não mostraram qualquer redução no edema da pata. O extrato metanólico mostrou uma redução significativa ($P<0{,}001$) do edema da pata induzido por carragenina e da atividade analgésica ao aumentar o tempo de reação pelo método da placa quente de Eddy e o teste de aumento da percentagem no teste da formalina.

Atividade antidiarreica

O extrato metanólico da folha de *M.koenigii* inibiu a cristalização do oxalato de cálcio, cuja utilização dependente da dose diminuiu a formação de cálculos. Esta atividade inibitória pode dever-se à presença de saponinas e outros fitoconstituintes.

Os compostos bioactivos alcalóides carbazol kurryam e koenimbina obtidos a partir do extrato de n-hexano das sementes de *M. koenigii* inibiram a atividade contra a diarreia induzida por óleo de rícino e a acumulação de prostaglandina E2 induzida em ratos. Estes compostos biológicos produzem uma redução significativa da motilidade gastrointestinal no teste da refeição de carvão em ratos Wistar.

Atividade anticancerígena

A atividade citotóxica contra o sistema de teste de cultura de células KB foi causada pela Koenoline isolada da casca da raiz. O efeito dos extractos *de M.Koenigii* em ratinhos albinos suíços machos foi analisado através de métodos de inibição in-vitro e in-vivo. O modelo de linfoma ascético de Dalton (DAL) foi avaliado através da injeção de células (106 células) nos ratos.

Foi estudado o potencial anticarcinogénico do benzo pireno da folha de caril induzido no estômago e do antraceno induzido no papiloma cutâneo. As respostas quimioprotectoras foram medidas como diminuição da carga tumoral e percentagem de animais portadores de tumor em ambos os modelos. Os parâmetros antioxidantes de glutatião reduzido, superóxido dismutase, catalases, glutatião peroxidase e glutatião redutase foram elevados.

Foram efectuados estudos sobre a atividade promotora antitumoral in-vitro e a propriedade antioxidante da girinimbina isolada da casca do caule de *M.koenigii.* A atividade de promoção antitumoral in-vitro da girinimbina foi determinada medindo a percentagem de inibição do antigénio precoce induzido do EBV na superfície das células Raji.

A investigação mostra que a mahanine regula negativamente os factores de sobrevivência das células através da ativação das caspases-3 através da via dependente das mitocôndrias e da perturbação da divisão celular. Verificou-se que induz a apoptose em células cancerígenas mielóides humanas (HL-60).

Atividade antidiabética

A M.koenigii tem propriedades antidiabéticas para diminuir significativamente o colesterol no sangue e o nível de glucose no sangue em ratos induzidos por diabetes. Os ratos receberam injecções intraperitoneais diárias de 80 mg/kg de extrato de folhas de caril durante 10 dias consecutivos. Os extractos também diminuíram significativamente o nível de glicose no sangue, levando à perda de peso.

Outras aplicações

As folhas, a casca e as raízes são tónicas, carminativas e estomacais. As folhas de caril são utilizadas na disenteria e para retificar a sensação de vómito, para curar erupções cutâneas e queimaduras na pele, as folhas são esmagadas até formar uma pasta. O sistema de medicina ayurvédica seca as folhas *de M.koenigii* misturando-as com mel e sumo de noz de bétel como cura anti-periódica. Cientificamente, várias investigações sobre várias partes da *M.koienigii* foram analisadas quanto às suas actividades farmacológicas utilizando etanol, éter de petróleo, clorofórmio, metanol, extrato alcoólico e aquoso.

Aplicações do *Asparagus racemosus*

O A.racemosus trata várias doenças, como tumores, inflamações, problemas cardíacos, bronquite e muitas outras doenças infecciosas. Os espargos contêm 93% de água como constituinte principal. Várias partes do *A.racemousus* são utilizadas para tratamentos medicinais.

Atividade antibacteriana

As raízes e as folhas de *A.racemosus* actuam contra o escorbuto, que é vulgarmente conhecido como "hitching". O método de agardiluição utilizado para prever a atividade antibacteriana. Os extractos de folhas de *A.racemosus* têm propriedades antibacterianas contra as bactérias *S.aureus, E.coli, Shigella flexneri, Shigella dysentriae, S.sonnei, V.cholerae, Salmonella typhimurium, Pseudomonas putida, Salmonella typhi e Bacillus subtilis*, que estão normalmente associadas a infecções respiratórias. As bactérias Gram negativas e Gram positivas são ambas sensíveis aos extractos de folhas e raízes de *A.racemosus.*

Atividade anti-oxidante

As raízes das folhas e as partes do caule de *A.racemosus* têm propriedades anti-oxidantes que estimulam doenças como o cancro, a doença de Alzheimer, a diabetes, o acidente vascular cerebral e a aterosclerose. Reduz o anti-oxidante em ratos hipercolestéricos. O racemofurano, a asparagamina A e o racemosol são as propriedades anti-oxidantes encontradas nas raízes do *A.racemosus*. O racemofurano foi sintetizado por dados espectroscópicos e actua como um antioxidante contra o DPPH. Os extractos de *A.racemosus* têm propriedades anti-oxidantes in vitro na membrana mitocondrial do fígado de ratos.

Atividade anti-inflamatória.

Os extractos de folhas de *A.racemosus* deram um resultado positivo em termos de atividade anti-inflamatória que, combinados com etanol, reduziram o inchaço e mostraram a presença de compostos flavonóides e esteróis. Os extractos de raízes de *A.racemosus* mostraram um bom resultado em termos de atividade anti-inflamatória na linha celular de leucemia monocítica THP-1.

Atividade anticancerígena

Os extractos de raiz de *A.racemosus* mostram um resultado positivo na atividade anticancerígena através da combinação de clorofórmio: acetato de etilo numa proporção de 2:1, o que resultou numa atividade anticancerígena rica em factores, tanto no método in-vitro como in-vivo. A extração da folha de *A.racemosus* mostra o resultado positivo na atividade antitumoral que, combinada com clorofórmio, mostra a presença de fitoquímicos como alcalóides, taninos, glicosídeos, flavonóides, terpenóides e esteróides.

Atividade antidiabética

Os extractos de raiz de *A.racemosus* desempenham um papel importante na atividade antidiabética, enquanto que, combinados com etanol, aumentam a secreção de insulina em ratos diabéticos. Aumenta a secreção de insulina em ratos diabéticos. Uma vez que as raízes de *A.racemosus* contêm factores como doce oleaginoso, refrescante, indigesto e amargo, promove um agente de tratamento muito bom contra pacientes diabéticos. Os extractos de raízes de *A.racemosus* utilizando etanol actuam como um agente vigoroso contra anti-hiperglicémicos e antidiabéticos.

Outras aplicações

Os oligoelementos presentes aumentam a capacidade de transporte de glucose da corrente sanguínea para as células. Ajuda a resolver problemas relacionados com o sexo feminino, como a menopausa, o ciclo menstrual irregular e as cólicas menstruais. *O A.racemosus* tem muitas propriedades biológicas, como antioxidante, imunoestimulante, imunomodulador, anti-hepatóxico, antibacteriano, anticitócico e agente reprodutor. Os espargos contêm poucas calorias e muito pouco sódio. Funciona como uma boa fonte de vitamina B6, cálcio, magnésio e zinco. É uma fonte muito boa de fibra dietética, proteína, beta-caroteno, vitamina E, vitamina C, vitamina K, tiamina, riboflavina, rutina, niacina, ácido fólico, ião e zinco.

O tónico uterino sintetizado a partir de *A.racemosus* ajuda a melhorar a secreção de leite materno; este medicamento é chamado galactogogo e o melhor tónico para a saúde geral.

O medicamento da raiz de *A.racemosus* aumenta o apetite das mulheres lactantes. Trata doenças neurodegenerativas, diarreia e disenteria. Além disso, trata a tosse, o edema, o reumatismo e as febres crónicas. Além disso, é útil no tratamento do cancro, diabetes, ressaca, reumatismo, tuberculose, depressão, doenças neurodegenerativas, síndrome pré-menstrual e saúde óssea. Tem também um impacto positivo no sistema respiratório, ajudando a erradicar as substâncias nocivas e tóxicas que se acumulam nos pulmões. Afecta a transmissão dos impulsos nervosos no SNC.

Combinação de *Murraya koienigii* e *Asparagus racemosus*

Foram efectuados estudos comparativos de *Murraya koenigii* com outras plantas medicinais, tais como folhas de hortelã, *Olea europaea, Moringa oleifera, Hibiscus sabdarrifa* e *Centella asiatica.* No entanto, as folhas *de M.koenigii* não foram combinadas com as plantas e avaliadas quanto a uma atividade combinatória da mistura de espécies vegetais.

Foram efectuados estudos comparativos para o *A.racemosus* em comparação com três espécies de plantas de *Hagenia abyssinica, Fuersta africana* TCE fries e *Ekebergia capensis sparrm* relativamente às suas propriedades antimicrobianas e toxicidade. No entanto, o *A.racemosus* não foi combinado com as plantas e avaliado quanto a uma atividade combinada da mistura de espécies.

As folhas *de M.koenigii* têm actividades farmacológicas *notáveis*, mas estudos anteriores elucidaram os estudos de plantas com *A.racemosus*. Não foram efectuados estudos sobre a combinação de plantas e a constituição fitoquímica diferente.

Relatórios anteriores sobre a propriedade antimicrobiana de *A.racemosus* foram comparados com as propriedades antimicrobianas de *Hagenia abyssinicia, Eversta africana* e *Ekebergia capensis sparrm.* A atividade antimirobiana de *A.racemosus* foi realizada contra a urina de vaca, mostrando resultados satisfatórios. A diversidade genética de *A.racemosus* foi analisada utilizando a Amplificação Aleatória de ADN Polimórfico

(RAPD). Foi efectuado um estudo comparativo da atividade afrodisíaca *do A.racemosus* com o chlorophytum boriviliamm e o Phizomus de curcoligo orcioidis. *O A.racemosus* foi analisado em comparação com o fármaco Gliclazida e o fármaco Pioglifazona para efeitos hipoglicémicos, hipolipidérmicos e hepatoprotectores. Foi realizado um estudo comparativo in-vitro com Withania somnifera e *A.racemosus*, em que o conteúdo fenólico foi estimado juntamente com as actividades antiulcerosa e antioxidante. *A A.racemosus* é uma planta cujos oligoelementos melhoram o transporte de glucose da corrente sanguínea para as células. Foram efectuados estudos comparativos para raízes frescas e secas *de A.racemosus*, mas estudos anteriores elucidaram os seus estudos com *M. koenigii.*

Nunca foi efectuado um estudo de combinação de *M.koenigii* e *A.racemosus.*

CAPÍTULO 3
OBJECTIVO DO ESTUDO

3. OBJECTIVO DO ESTUDO

O principal objetivo do estudo é o seguinte

1. Extrair os fitoquímicos das amostras de plantas combinadas de *Murraya koenigii* e *Asparagus racemosus* utilizando os métodos de extração Ultrasonicator & Soxhlet por diferentes solventes polares e não polares.
2. Avaliação qualitativa dos extractos de plantas através de análises fitoquímicas.
3. Efetuar o teste de esterilidade para detetar o efeito de quaisquer estirpes microbianas presentes nas amostras.
4. Caracterizar as amostras combinadas utilizando GC-MS
5. Efetuar a avaliação antibacteriana utilizando diferentes estirpes bacterianas como *Staphylococcus aureus e Pseudomonas aeruginosa.*
6. Realizar *análises in silico* com os compostos extraídos contra estirpes bacterianas para encontrar a interação medicamentosa.

3.1 PLANO DE TRABALHO

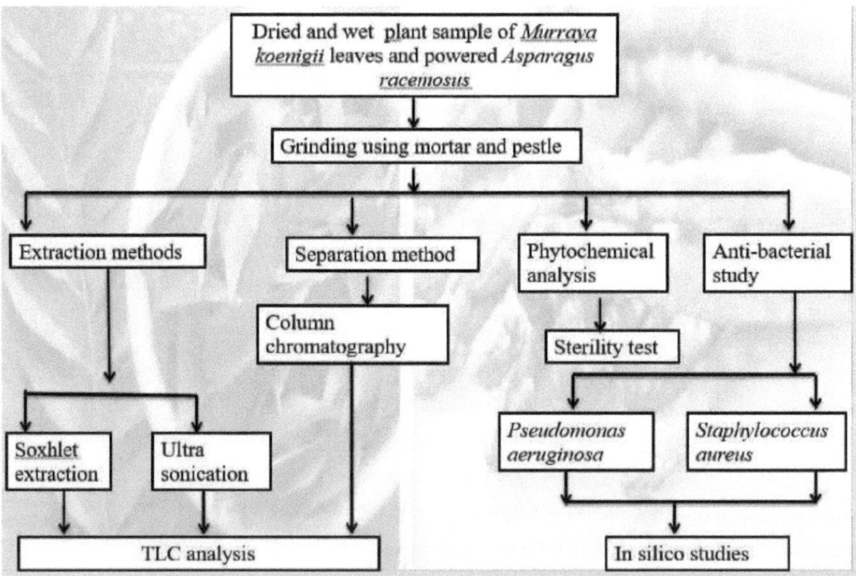

Quadro 3.1 Fluxo de trabalho da investigação

CAPÍTULO 4
MATERIAIS E METODOLOGIA

4. MATERIAIS NECESSÁRIOS

a) Amostras de plantas

- Pó de *Murraya koenigii* seco
- *Espargos racemosos* secos em pó

b) Amostras bacterianas

- *Pseudomonas aeruginosa*
- *Staphylococcus aureus*

c) Produtos químicos

- Acetato de etilo
- Dimetilsulfóxido (5%)
- Ágar Muller-Hinton
- Caldo de Muller-Hinton
- Hcl
- NaOH
- Ampicilina

d) Artigos de vidro

- Tubo Falcon
- Placas de Petri
- Haste em L
- Tubos Falcon
- Suporte para tubos de ensaio
- Micro pipeta
- Balão cónico
- Tubo Eppendorf
- Bem perfurado

e) **Instrumentos**

- Incubadora
- Ultrasonizador (sonda e banho)
- Clave automática
- Armário de proteção UV
- Centrifugadora de arrefecimento

METODOLOGIA

Recolha de amostras

As folhas frescas de caril cultivadas no distrito de Thanjavur, na aldeia de Valuthur, foram recolhidas, lavadas e secas cuidadosamente para formar folhas secas de caril. As folhas secas foram moídas grosseiramente e armazenadas num recipiente hermético. O pó de *A.racemosus* foi adquirido na loja Saravana Ayurvedic em Aminjikarai.

GC-MS (de origem)

A cromatografia gasosa (separação) e a espetrometria de massa (deteção) são normalmente utilizadas para detetar os compostos desconhecidos presentes na amostra. A cromatografia em fase gasosa (GC-MS) é um método analítico que combina as caraterísticas da cromatografia em fase gasosa e da espetrometria de massa. O GC-MS é um instrumento utilizado para separar misturas químicas (componente GC) e identificar os componentes a nível molecular (componentes MS). 2,5 g de *Murraya koenigii* e 2,5 g de *Asparagus racemosus* foram misturados com 5 ml de solução de acetato de etilo e armazenados num tubo falcon. A técnica GC-MS foi subcontratada ao VIT, Vellore, no departamento de química.

Avaliação antibacteriana de *Pseudomonas aeruginosa*

Zona de inibição

a) **Método de difusão em disco**

O método comum utilizado para detetar a zona de inibição, onde a amostra da planta inibe o crescimento bacteriano. A amostra seca de extractos combinados de *Murraya koenigii* e *Asparagus racemosus* foi colhida na proporção de 1:1 e dissolvida em 2ml de (5%) DMSO, com a concentração inicial de 1mg/ml. Foi feita uma diluição em série para três concentrações diferentes de 1mg/ml a 250^g/ml e o controlo foi mantido como ampicilina. O meio de ágar Muller Hinton foi preparado e autoclavado. O ágar Muller Hinton com diferentes concentrações de amostras foi vertido em placas de Petri e aguardar até o meio solidificar. A cultura de *Pseudomonas aeruginosa* cultivada durante a noite foi espalhada em placas com diferentes concentrações. Em seguida, as placas foram mantidas em incubação durante 24 horas. A zona foi observada visualmente e medida em mm.

b) Método de difusão em poço de ágar

É o método de difusão de poços utilizado para detetar a eficácia de novos compostos medicinais. Quando as amostras de plantas inibem o crescimento bacteriano. A amostra seca de extractos combinados de *Murraya koenigii* e *Asparagus racemosus* foi recolhida na proporção de 1:1 e dissolvida em 2 ml de DMSO (5%). Com a concentração inicial de 1mg/ml, foi efectuada uma diluição em série para três concentrações diferentes, nomeadamente em meio de ágar Muller Hinton preparado na concentração de 38g/litro (autoclavado). Diluição em série para três concentrações diferentes de 1mg/ml a 250ug/ml e o controlo foi mantido como ampicilina. Preparar o meio de ágar Muller Hinton, que é autoclavado. O ágar Muller Hinton é vertido em placas de Petri e solidifica-se em estufa UV. A cultura de *Pseudomonas aeruginosa* cultivada durante a noite foi vertida na placa e espalhada com uma haste em L. Os poços foram perfurados em cada uma das placas de ágar Muller Hinton utilizando um perfurador de poços, tendo sido vertidos 200 LI1 de amostras de diferentes concentrações e de controlo com ampicilina nas diferentes placas de ágar Muller Hinton perfuradas. Em seguida, as placas foram mantidas na incubadora durante 24 horas. Após a incubação, a zona foi observada e medida em mm.

Determinação da concentração inibitória mínima

A concentração inibitória mínima é a concentração mais baixa em que as amostras de plantas inibem o crescimento bacteriano. A concentração inicial da amostra combinada de plantas foi mantida como 1mg/ml e é diluída em série até 62,5lg/ml com 5% de DMSO e da mesma forma para a ampicilina padrão. A amostra bacteriana foi diluída em série para quatro concentrações diferentes. Tanto a amostra bacteriana como a amostra vegetal com as concentrações tomadas na proporção de 1:1. O crescimento foi observado e o crescimento mais baixo é considerado como a CIM da amostra. Para confirmar quantitativamente, a DO foi medida a 595nm e as leituras foram registadas.

Taxa de morte

É o nível percentual da amostra de planta que inibe o crescimento bacteriano em diferentes intervalos de tempo. A concentração inicial das amostras de plantas combinadas foi mantida em 1mg/ml e é diluída em série até 62,5lg/ml com DMSO a 5% e de forma semelhante para a ampicilina padrão. A amostra bacteriana foi diluída em série para quatro concentrações diferentes. Da mesma forma, para todas as amostras diluídas em série, a concentração foi efectuada e mantida para incubação durante a noite. Tanto a amostra bacteriana como a vegetal com as concentrações tomadas na proporção de 1:1. O crescimento foi observado a Cth hora,2nd hora,4th hora e 24th hora em diferentes intervalos de tempo e a DO foi medida a 595nm e a percentagem de inibição foi calculada utilizando a fórmula,

$$\% \text{ Inibição} = 100 \text{ x } \frac{[\text{Controlo (DO)-Amostra (DO)}]}{[\text{Controlo (OD)}]}$$

Taxa de pH

A taxa de pH é o intervalo de pH em que a amostra de planta inibe o crescimento bacteriano. A concentração inicial da amostra de planta combinada foi mantida como 1mg/ml. A cultura cultivada durante a noite foi transformada em diferentes gamas de pH, tais como 3,5,7,9 e 12, utilizando HCl 0,1N e NaOH 5M, espalhadas em diferentes placas de ágar Muller Hinton utilizando uma haste em L, e o poço foi perfurado em cada placa de ágar Muller Hinton utilizando um perfurador de poços. 200 ^ 1 de amostra de planta e controlo com ampicilina foram vertidos em diferentes placas de ágar Muller Hinton perfuradas. Em seguida, as placas foram mantidas na incubadora durante 24 horas de incubação. Após a incubação nocturna, a zona foi observada e medida em mm.

Ensaio de violeta de cristal

A alteração da permeabilidade da membrana foi prevista utilizando o ensaio de violeta de cristal. A cultura cultivada durante a noite foi vertida em quatro concentrações diferentes e é centrifugada utilizando uma centrífuga de arrefecimento para a recolha de pellets. As células foram lavadas duas vezes com tampão fosfato salino (pH 7,4). A amostra de planta é diluída em série em duas concentrações diferentes 1000^g/ml,500^g/ml e o controlo foi mantido como ampicilina. A amostra de planta diluída em série com ampicilina de controlo foi adicionada à suspensão de células e incubada a 37°c durante 30 minutos. As células foram colhidas a

9300rpm durante 5 minutos. Depois, as células foram ressuspendidas em PBS contendo 10^g/ml de ensaio de violeta de cristal. As suspensões são incubadas a 37°c durante 10 minutos. A suspensão de células foi então centrifugada utilizando uma centrífuga de arrefecimento a 9500 rpm durante 15 minutos. A DO do sobrenadante foi medida utilizando um espetrofotómetro UV a 595 nm. A percentagem é calculada utilizando a fórmula.

$$\frac{\text{Percentage of cell viability} = \text{(OD) value of sample}}{\text{(OD) value of crystal violet assay}} * 100$$

Avaliação antibacteriana da zona de inibição de *Staphylococcus aureus*

a) Método de difusão em disco

Como indicado na secção 4.2.3a

b) Método de diluição em ágar

Como indicado na secção 4.2.3b

Determinação da concentração inibitória mínima

Como indicado na secção 4.2.4

Taxa de morte

Como indicado na secção 4.2.5

Taxa de pH

Como indicado na secção 4.2.6

Ensaio de violeta de cristal

Tal como referido na secção 4.2.

Docagem molecular

O acoplamento molecular é uma ferramenta fundamental na biologia molecular estrutural e na conceção de medicamentos assistida por computador. O objetivo do acoplamento ligando-proteína é prever o(s) modo(s) de ligação predominante(s) de um ligando com uma proteína de estrutura tridimensional conhecida. Os métodos de acoplamento bem sucedidos pesquisam eficazmente espaços de elevada dimensão e utilizam uma função de pontuação que classifica corretamente os acoplamentos candidatos.

A docagem pode ser utilizada para efetuar o rastreio virtual em grandes bibliotecas de compostos, classificar os resultados e propor hipóteses estruturais sobre a forma como os ligandos inibem o alvo, o que é inestimável para a otimização de pistas. A definição das estruturas de entrada para a acoplagem é tão importante como a própria acoplagem, e a análise dos resultados dos métodos de pesquisa estocástica pode, por vezes, ser pouco clara. Este capítulo aborda os antecedentes e a teoria do software de acoplamento molecular e cobre a utilização de alguns dos softwares de acoplamento mais citados.

Foi efectuada uma análise de acoplamento molecular para identificar a natureza da interação das moléculas ligantes. O Auto Dock é uma ferramenta de acoplamento automático e foi concebido para prever a forma como pequenas moléculas, como substratos e inibidores, se ligam a um recetor de estruturas proteicas 3D conhecidas. Foi utilizada uma interface gráfica de utilizador chamada Auto Dock Tools ou ADT para gerar grelhas e calcular a pontuação de acoplamento. A razão para esta investigação foi verificar a atividade inibidora dos compostos extraídos da combinação de Murraya koenigii e Asparagus racemosus (MA98) contra a estrutura cristalina do regulador do fator de virulência de Pseudomonas aeruginosa, obtida a partir do PDB ID:2OZ6. Os ligandos foram obtidos a partir da análise GC-MS.

O ligando de referência foi tomado como estrutura cristalina da acil-enzima OXA-10 K70C-Ampicilina a pH 7. A fim de validar a bolsa do sítio ativo, o ligando de referência foi novamente acoplado e a pontuação de acoplamento foi de -6,21 kcal/mol.

Seleção da proteína alvo

Staphylococcus aureus é uma bactéria gram-positiva que normalmente coloniza a superfície epitelial em 30 a 40% dos seres humanos. Apesar dos avanços na terapia antimicrobiana, o S. aureus continua a ser uma das principais causas de infecções no contexto hospitalar. Muitas destas infecções começam localmente (pele e cateteres) e subsequentemente propagam-se à corrente sanguínea. A patogenicidade do S. aureus é um processo complexo que envolve a produção espácio-temporal de um conjunto diversificado de factores de virulência. Muitos componentes da parede celular que actuam como adesinas (por exemplo, proteínas de ligação ao fibrinogénio e à fibronectina) ou que contribuem para a evasão das defesas do hospedeiro (proteína A) são produzidos principalmente durante a fase exponencial, enquanto a produção de toxinas e enzimas (alfa-hemolisina) que facilitam a invasão dos tecidos ocorre pós-exponencialmente. A síntese coordenada de proteínas da parede celular na fase exponencial e de 83 proteínas extracelulares durante a fase pós-exponencial sugere que muitos destes determinantes de virulência são regidos por elementos reguladores globais. A estrutura cristalina da cetol-ácido redutase de Staphylococcus aureus com inibidor de hidroxioxamato 1 foi selecionada como a proteína alvo para *Staphylococcus aureus*. A identificação PDB para esta estrutura é 2OZ6.

A ceto-hidroxiácido isomeroredutase catalisa a conversão de aceto-hidroxiácidos em di-hidroxivaleratos. Esta reação é a segunda na via de síntese dos aminoácidos essenciais de cadeia lateral ramificada valina e isoleucina.

Preparação das proteínas alvo

O formato PDB da proteína selecionada foi retirado do Protein Data Bank. O recurso é alimentado pelo arquivo do Protein Data Bank - informações sobre as formas 3D de proteínas, ácidos nucleicos e um conjunto complexo que ajuda os estudantes e investigadores a compreender todos os aspectos da biomedicina e da agricultura, desde a síntese de proteínas até à saúde e à doença. O RCSB PDB baseia-se nos dados, criando ferramentas e recursos para a investigação e o ensino em biologia molecular, biologia estrutural, biologia computacional e muito mais. Em seguida, a proteína foi cortada para a lista de cadeias necessárias, as moléculas de água foram eliminadas e foram adicionadas cargas kollman.

Preparação do ligando

Os compostos extraídos foram analisados por GC-MS e a estrutura de cada composto foi obtida. Os compostos sintetizados foram processados em filtros de Lipinski para obter propriedades semelhantes às dos medicamentos. Todas as estruturas foram preparadas para expandir os estados de protonação e tautoméricos a 7,0 ± 2,0 unidades de pH e também foi efectuada uma amostragem conformacional para os compostos sintetizados. Os compostos que satisfazem a regra de Lipinski foram precedidos de docagem molecular. As suas estruturas foram desenhadas utilizando o software chemsketch e foram preparadas para a acoplagem. Um exemplo do composto é apresentado na figura 4.8.3.

Acoplamento molecular utilizando o Auto Dock

Foram efectuados estudos de docking para os compostos em relação à proteína 6C5N. O software identifica as interações de ligação da molécula de referência e da molécula extraída à molécula da proteína-alvo de interesse. Inicialmente, as moléculas foram lidas no software autodock e o ficheiro de parâmetros da grelha foi formado e comandado para executar o autogrid e o autodock. Uma vez que os arquivos dlg das moléculas foram executados pelo software (figura 4.8.4), que contém a pontuação de docking da interação, o arquivo foi aberto no Discovery studio para a interação do ligante.

Visualização de acoplamento molecular

A interação do ligando é visualizada utilizando o Discovery Studio Visualizer 3.1 desenvolvido pela Accelrys. O âmbito principal deste software inclui a conceção baseada na estrutura, simulações, conceção de ligandos, engenharia de macromoléculas, conceção e validação de macromoléculas (ferramentas para a conceção e otimização de anticorpos, docking proteína-proteína) e modelação de farmacóforos. Gera estruturas 2D e 3D para visualizar e analisar os padrões de interação ligando-proteína entre eles. Depois de abrir o ficheiro no software discovery studio, os parâmetros foram definidos para obter as coordenadas 3D e 2D dos ficheiros. Estes foram analisados por interações, ligações, arranjos, etc. para utilização posterior.

CAPÍTULO 5
ESULTADOS E DISCUSSÕES

5. ACTIVIDADES COMBINADAS DE *Murraya koenigii* e *Asparagus recemosus*

Os resultados da avaliação da atividade combinada de *M.koenigii* e *A.racemosus* são apresentados nas secções seguintes. As espécies vegetais *Murraya koenigii* e *Asparagus racemosus* são plantas medicinais importantes que têm muito potencial terapêutico como antimicrobiano, anti-inflamatório, anti-carcinogénico, etc. contra muitos microrganismos que ameaçam a vida. Uma vez que têm muitas actividades biológicas notáveis no processo de combinação, podem dar-nos uma excelente oportunidade para o desenvolvimento bem sucedido de medicamentos nas formulações antibacterianas.

No presente estudo, utilizámos o seguinte

- Foram realizados dois modos de extração para extrair os fitoconstituintes das espécies vegetais combinadas.
- Avaliação anti-bacteriana de *Murraya koenigii* e *Asparagus racemosus* contra estirpes bacterianas tais como *Pseudomonas aeruginosa* e *Staphylococcus aureus.*
- Análise *In-Silico* dos compostos extraídos contra as estirpes bacterianas mencionadas.

Modo de extração por ultra-sons

Foram utilizados dois métodos de extração diferentes, como o método de extração soxhlet e o modo de extração por ultra-sons, para extractos brutos de folhas secas combinadas *de Murraya koenigii* e *Asparagus racemosus.* As amostras extraídas foram analisadas por cromatografia em camada fina (TLC) e calculadas quanto ao fator de retenção (Rf). Os solventes utilizados para a extração das amostras são o acetato de etilo e o hexano

A ultrassonografia é um método de rutura utilizado para a extração de compostos presentes numa amostra de interesse. Usando argamassa e pilão, as amostras são moídas com solvente polar (acetato de etilo) e um solvente não polar (Hexano). A sonda de sonicação liberta 20 kHz de energia sonora para extrair compostos das plantas. As ondas sonoras romperam a parede celular feita de celulose, um polissacárido difícil de penetrar. Obtém-se um extrato bruto de amostra seca utilizando solventes de acetato de etilo e hexano, que é recolhido em tubos de falcão estéreis. Estes tubos de falcão são centrifugados a 5000 rpm durante 5 minutos. A Figura 5.1 mostra a configuração experimental do sistema de sonda de ultra-sons.

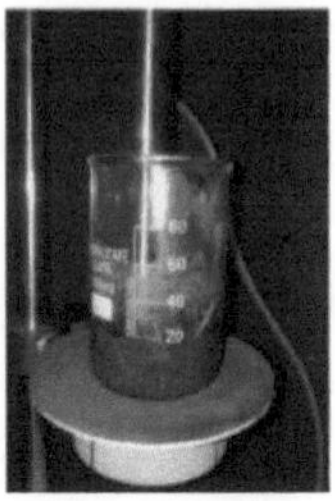

Figura 5.1 Sistema de sonda ultra-sónica

Análise TLC do modo de extração por ultra-sons

A amostra ultra-sónica foi colocada num tubo capilar, 1 cm acima da placa TLC. A amostra foi separada formando uma banda que é visualizada na câmara de UV. O movimento da amostra é diretamente proporcional à taxa de ligação do composto ao absorvente. O fator de retenção foi calculado para o extrato de amostra em bruto de acetato de etilo e hexano, como se mostra na figura 5.1.1 e 5.1.2

Figura 5.1.1: A amostra bruta de acetato de etilo ultrassónica correu na placa TLC (Rf-3.11).

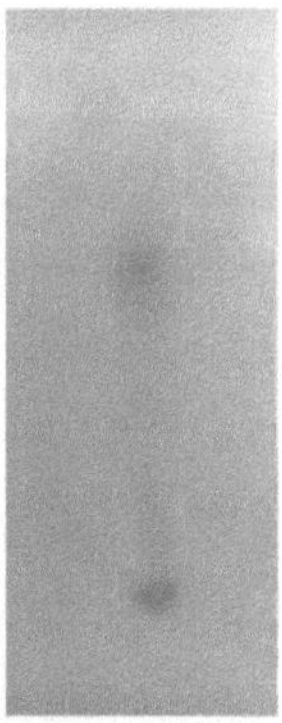

Figura 5.1.2 Amostra de hexano bruto ultrassónico colocada numa placa de TLC (Rf -1,9).

Cromatografia em coluna para amostras brutas submetidas a ultra-sons

A cromatografia em coluna é uma técnica de separação utilizada para separar compostos individuais de uma mistura em bruto. Os 5 ml de extrato de amostra ultrassónica são carregados para o topo da coluna de sílica. Eluentes de várias concentrações com base na polaridade dissolvem a amostra e transportam-na através da coluna. Os eluentes foram recolhidos em tubos falcon estéreis, rotulados com as respectivas concentrações. Foi eluído um total de 11 concentrações. As concentrações foram preparadas na proporção de acetato de etilo: Hexano, variando de 10:0 a 0:10. As fracções purificadas recolhidas foram colocadas em placas TLC preparadas como indicado na secção 5.1.1.2. As concentrações 6:4, 5:5 e 4:6 proporcionaram uma separação de bandas satisfatória para a amostra seca de acetato de etilo por ultra-sons. O valor Rf de 0,86 cm, 0,84 cm e 0,84 cm foi atingido para cada concentração, respetivamente. Entre as concentrações selecionadas, acetato de etilo: Hexano na proporção de 6:4 deu um valor Rf mais elevado, provando ser a melhor. A análise TLC das amostras cromatográficas em coluna é apresentada na Figura 5.1.2.

Figura 5.1.2 Análise TLC das amostras purificadas

Análise fitoquímica da amostra submetida a ultra-sons

O teste qualitativo para a amostra ultra-sónica mostrou uma indicação significativa sobre a presença de metabolitos. Os fitoquímicos presentes nos compostos são tabulados abaixo na Tabela 5.1.3

Tabela 5.1.3 Resultado da análise fitoquímica em amostras ultra-sónicas

Fitoquímicos testados	Solvente hexano	Solvente de acetato de etilo
Taninos	Presente	Presente
Quinonas antrais	Ausente	Ausente
Flobataninos	Ausente	Ausente
Saponinas	Ausente	Ausente
Flavonóides	Presente	Presente
Glicosídeos	Presente	Presente
Terpenóides	Presente	Presente
Esteróides	Presente	Presente
Hidratos de carbono	Presente	Presente
Proteínas	Ausente	Ausente

Todos os extractos brutos de amostras secas e frescas submetidas a ultra-sons em acetato de etilo e em solvente hexano deram o mesmo resultado para cada teste, respetivamente. Os fitoquímicos presentes em todas as amostras brutas são taninos, flavonóides, glicosídeos, terpenóides, esteróides e hidratos de carbono e ausência de antra quinonas, phlobatannins, saponinas e proteínas, como se mostra na tabela 5.1.3

Modo de extração Soxhlet

Um extrator de Soxhlet tem três secções principais: um percolador (caldeira e refluxo) que faz circular o solvente, um dedal (geralmente feito de papel de filtro espesso) que retém o sólido a extrair e um mecanismo de sifão, que esvazia periodicamente o dedal. A extração em Soxhlet é efectuada utilizando acetato de etilo como solvente de extração para a amostra seca ultra-sónica, que apresenta um valor de retenção satisfatório. A Figura 5.2 mostra o aparelho de extração Soxhlet montado para extrair as nossas amostras.

Figura 5.2 Configuração do modo de extração Soxhlet

Análise TLC utilizando amostra de extração Soxhlet

A separação de bandas formada na placa TLC foi calculada para o valor Rf. O extrato bruto em Soxhlet de acetato de etilo para a amostra seca deu o valor Rf de 1,8 cm. A formação de bandas para a amostra extraída em Soxhlet é mais proeminente e visível em comparação com a amostra ultrassónica de hexano. O valor de retenção da amostra ultrassónica de acetato de etilo é de 3,11 cm, superior ao valor de 1,8 cm da amostra extraída com soxhlet de acetato de etilo. A análise das bandas do modo de extração soxhlet com fator de retenção é apresentada na figura 5.2.1

Figura: 5.2.1:Análise TLC do acetato de etilo Modo de extração Soxhlet com Rf -1,5

Cromatografia em coluna de amostras brutas de soxhlet

O extrato bruto de acetato de etilo da amostra seca foi purificado através de cromatografia em coluna de acordo com o procedimento indicado na secção. As concentrações de acetato de etilo: hexano de 2:8, 3:7, 4:6, 5:5 e 6:4 permitiram uma separação satisfatória das bandas. O valor Rf para as concentrações foi de 0,8cm, 0,6cm, 0,7cm, 0,6cm e 0,4cm, respetivamente. A concentração 2:8 deu o valor Rf mais elevado de 0,8 cm.

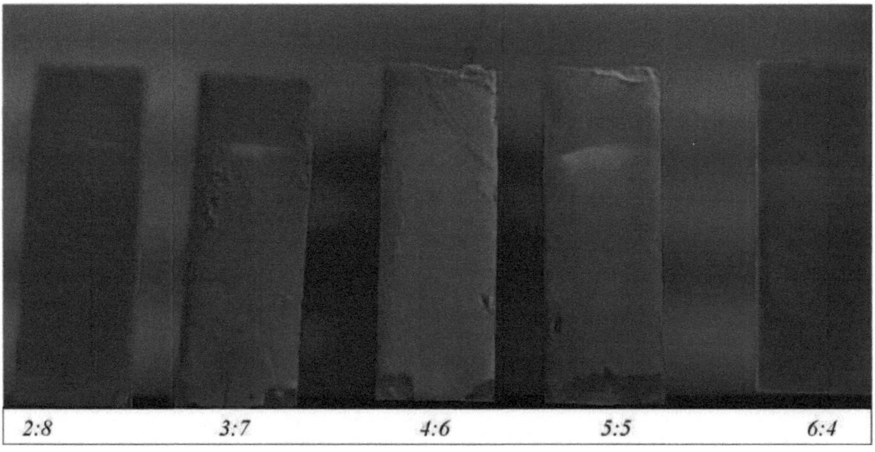

Figura 5.2.2 Fracções eluídas da cromatografia em coluna de uma amostra seca extraída com Soxhlet, colocada numa placa de TLC observada numa câmara de UV.

Análise fitoquímica das amostras extraídas por soxhlet

Foram efectuados testes fitoquímicos para detetar os compostos biológicos presentes na amostra bruta seca em acetato de etilo Soxhlet. De acordo com o procedimento indicado na secção

Tabela 5.2.3 Resultado da análise fitoquímica em amostras extraídas por Soxhlet

Fitoquímicos testados	Solvente de acetato de etilo
Taninos	Presente
Quinonas antrais	Ausente
Flobataninos	Ausente
Saponinas	Ausente
Flavonóides	Presente
Glicosídeos	Presente
Terpenóides	Presente
Esteróides	Presente
Hidratos de carbono	Presente
Proteínas	Presente

Teste de esterilidade

Foi efectuado um teste de esterilidade para os extractos brutos e os extractos purificados. Foi observado o crescimento de microrganismos viáveis. A ausência de crescimento microbiano prova que todas as amostras brutas e purificadas estão isentas de contaminação e são estéreis, como mostra a figura 5.3

Figura 5.3 Teste de esterilidade da amostra extraída

Estudos de caraterização utilizando GC-MS

A amostra seca de acetato de etilo bruto foi submetida a uma avaliação GC-MS e observou os compostos biológicos presentes na amostra da planta, tal como mencionado no Quadro-5.4

Tabela 5.4: Compostos químicos biologicamente activos do extrato de acetato de etilo das amostras de plantas.

№	COMPOSTOS BIOLÓGICOS	**FÓRMULA** MOLECULAR
1.	ACETATO DE ETILO	$C_4 H_8 O_2$
2.	Biciclo [7.2.0] undec-4-eno, 4,11,11-trimetil-8-metileno-, [1R-(1R*,4Z,9S*)]	$C_{15} H_{24}$
3.	Epóxido de trans-z-alfa-bisaboleno	$C_{15} H_{24} O$
4.	Óxido de cariofileno	$C_{15} H_{24} O$
5.	1,3,6,10-dodecato tetrano, 3,7,11-trimetil-,(Z,E)-	$C_{15} H_{24}$
6.	IH-ciclopro p[E] azuleno,decahidro-1,1,7-trimetil-4-metileno-,[1AR	$C_{15} H_{24}$
7.	Aromadendreno	$C_{15} H_{24}$
8.	1 butanol,4-butoxi-	$C_8 H_{18} O_2$
9.	Ácido sulfuroso, pentadecil-2-propiléster	$C H_{15\,32} O_3$ **S**
10.	Hexatriacontano	$C_{36} H_{74}$

Biciclo [7.2.0] undec-4-eno, 4,11,11-trimetil-8-metileno-,[1R-(1R*,4Z,9S*)]O nome químico do Biciclo [7.2.0] undec-4-eno, 4,11,11-trimetil-8-metileno-,[1R-(1R*,4Z,9S*)] Isocariofileno. É a ligação dupla *cis* que mantém os dois grupos de ácido carboxílico próximos uns dos outros no mesmo plano, pelo que o isómero *cis* tem átomos iguais do mesmo lado da ligação dupla. A fórmula molecular é $C_{15} H_{24}$ e o peso molecular é 204,3g/mol. A estrutura química deste composto biológico está representada na figura 5.4.1.

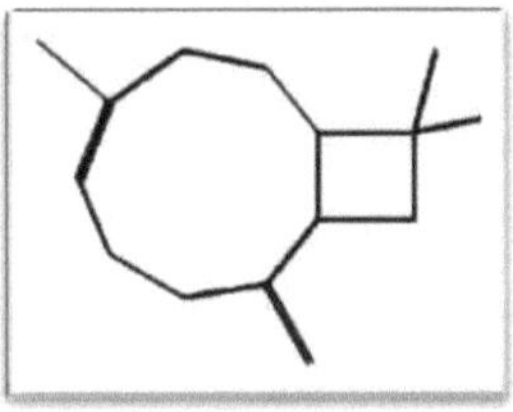

Figura 5.4.1: Estrutura química do Isocaryophyllene

Epóxido de trans-z-alfa-bisaboleno

A fórmula molecular do epóxido de trans-z-alfa-bisaboleno é C_{15} H_{24} O. Este composto tem um dador de ligações de hidrogénio igual a zero e um aceitador de ligações de hidrogénio igual a 1. O peso molecular deste composto é 220,356 g/mol. A estrutura química deste composto biológico está representada na figura 5.4.2.

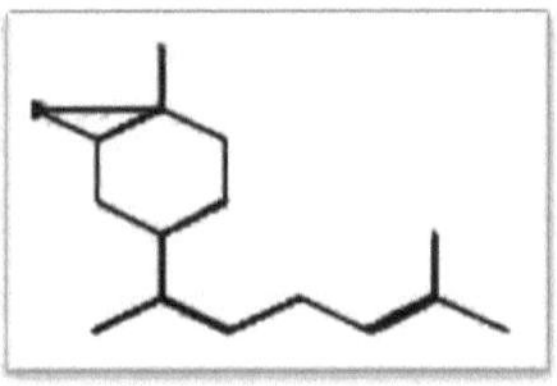

Figura 5.4.2 Estrutura química da trans-z-alfa

Óxido de cariofileno

O composto óxido de cariofileno foi identificado como componente do óleo essencial obtido das sementes de Peucedanum dhana, que actua como um metabolito. A fórmula molecular do composto é C15H24O e o peso molecular deste composto é 220,356g/mol. A estrutura química deste composto biológico está representada na figura 5.4.3.

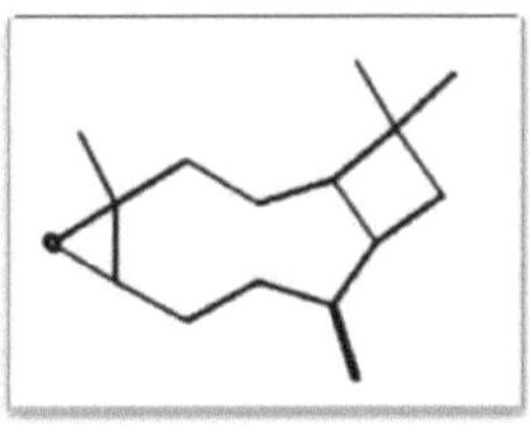

Figura 5.4.3 Estrutura química do óxido de cariofileno

1,3,6,10-dodecato tetrano, 3,7,11-trimetil-,(Z,E)-

O nome químico do composto 1,3,6,10-dodecato tetrano, 3,7,11-trimetil-,(Z,E)- é (Z,E)- alfa-farneseno. A fórmula molecular do composto é C15H24 e o peso molecular do composto é 204,359 g/mol. Este composto está dividido em estereoisómeros. A estrutura química deste composto biológico está representada na figura 5.4.4.

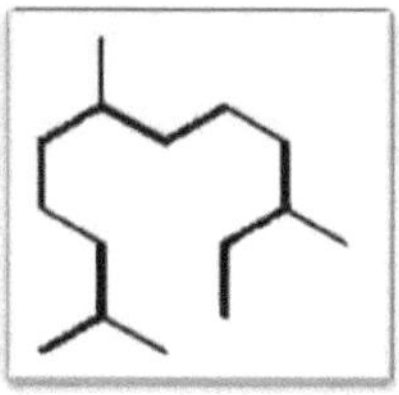

Figura 5.4.4 Estrutura química do (Z,E)-**alfa-farneseno**

1H-ciclopro p[E]azuleno,deca-hidro-1,1,7-trimetil-4-metileno-,[1AR

A fórmula molecular do composto 1H-ciclopro p[E]azuleno,decahidro-1,1,7-trimetil-4-metileno-,[1AR é C15H24. O peso molecular do composto é 204,357g/mol. Assim, o número de dadores de ligações de hidrogénio é zero e o número de aceitadores de ligações de hidrogénio é zero. O nome químico do composto é 1H-cicloprop[e] azuleno. A estrutura química deste composto biológico está representada na figura 5.4.5.

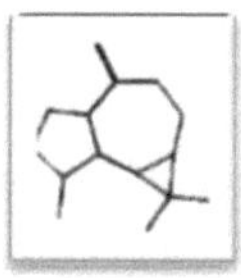

Figura 5.4.5 1H- Estrutura química do cicloprop[e]azuleno

Aromadendreno

A massa molecular do composto Aromadendreno é 204,359g/mol. Que tem a contagem de 15 átomos pesados com a massa monoisotópica de 204,188g/mol. O aloaromadendreno encontra-se em todas as especiarias. O aloaromadendreno é um constituinte do óleo essencial de eucalipto globulus. A localização celular do composto era a matriz extracelular. O nome químico do composto é aloaromadendreno. A estrutura química deste composto biológico está representada na figura 5.4.6.

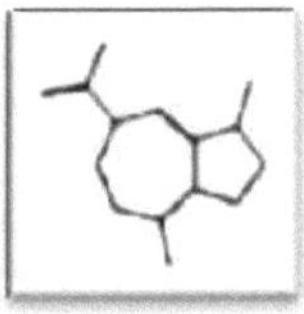

Figura 5.4.6 Estrutura química do aromadendreno

1 Butanol,4-butoxi-

O nome IUPAC do composto 1 butanol,4-butoxi- é 4-butoxibutan-1-ol. que tem a fórmula molecular C8H18O2 e a massa molecular 146,23g/mol. O número de dadores de ligações de hidrogénio deste composto é 1 e o número de aceitadores de ligações de hidrogénio é 2, com uma massa monoisotópica de 146,131g/mol. A estrutura química deste composto biológico está representada na figura 5.4.7.

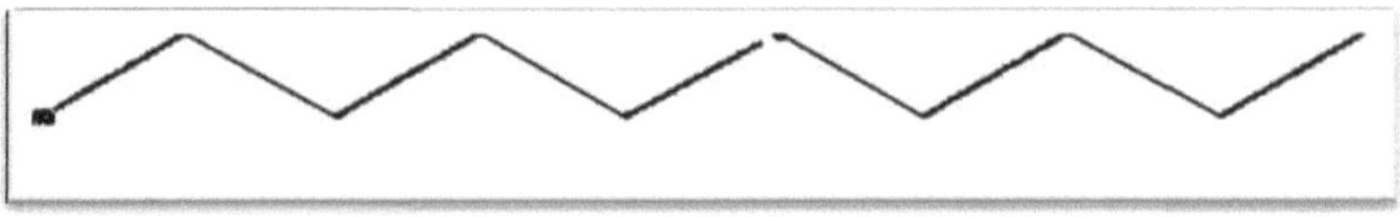

Figura 5.4.7 Estrutura química do 1butanol 4-butoxi

Ácido sulfuroso, pentadecil-2-propiléster

A fórmula molecular do composto ácido sulfuroso, pentadecil 2-propiléster é C15H32O3S. A massa molecular do composto é 292,478g/mol com massa mono-isotópica de 292,207g/mol. O nome IUPAC do composto é dodecil propan-2-y/sulfito. A estrutura química deste composto biológico está representada na figura 5.4.8.

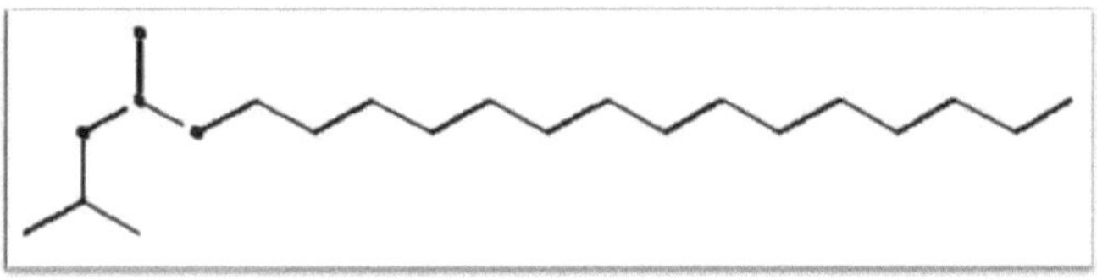

Figura 5.4.8 Estrutura química do ácido sulfuroso, pentadecil 2-poliéster

Hexatriacontano

O hexatriacontano é um alcano de cadeia reta com 36 átomos de carbono. Os alcanos como o hexatriacontano podem ser componentes de produtos petrolíferos e podem ser libertados para o ambiente através do processamento e combustão de produtos petrolíferos. A fórmula molecular do composto é C36H74 e o peso molecular do composto é 506,988g/mol. Este composto contém um dador de ligações de hidrogénio igual a zero e um aceitador de ligações de hidrogénio igual a zero com o ponto de fusão. A estrutura química deste composto biológico é apresentada na figura 5.4.9. A estrutura química deste composto biológico está representada na figura 5.4.9.

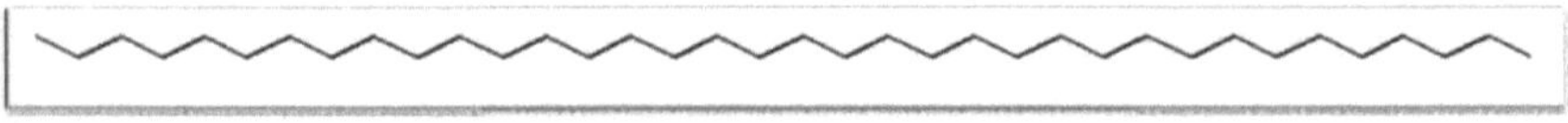

Figura 5.4.9 Estrutura química do hexatriacontano

Avaliação antibacteriana com *Pseudomonas aeruginosa*

Os microrganismos causadores de doenças são uma ameaça para os seres vivos e os agentes antibacterianos são os compostos que matam as bactérias. A atividade antibacteriana das amostras de plantas contra *Pseudomonas aeruginosa* foi analisada inicialmente através do método de diluição em ágar e do método de difusão em poço de ágar, sendo posteriormente realizada através da Concentração Inibitória Mínima (CIM), da Taxa de pH, da Taxa de Matança e do ensaio de violeta de cristal.

Método de diluição em ágar

As amostras de plantas tratadas com bactérias foram deixadas a incubar. Após incubação de 24 horas, as placas foram verificadas quanto ao crescimento do microrganismo. O crescimento do microrganismo foi observado uniformemente sem qualquer inibição. Isto indica que a amostra de planta de *Murraya koenigii* e *Asparagus racemosus* não mostrou qualquer atividade antibacteriana contra *P.aeruginosa*. Assim, o teste preliminar foi efectuado através do método de difusão em ágar.

Método de difusão em poço de ágar.

A atividade antibacteriana foi testada pelo método de difusão em poço de ágar para *Pseudomonas aeruginosa*. A amostra incubada durante a noite foi verificada quanto à formação de zonas. A zona de inibição é a resposta efectiva do agente antimicrobiano (*Murraya koenigii* e *Asparagus racemosus*) contra a estirpe bacteriana *Pseudomonas aeruginosa.* Após a inibição nocturna, as placas inoculadas foram verificadas. A zona de inibição foi observada nas placas espalhadas com *Pseudomonas aeruginosa.* A zona máxima evoluiu nas concentrações de 1000pg/ml-20mm, 500pg/ml-15mm, 250pg/ml-10mm. enquanto que, comparando com a zona de inibição de controlo-5mm. A amostra de planta de várias concentrações 1000pg/ml, 500pg/ml e 250pg/ml mostra uma inibição mais eficaz das bactérias, como mostra a figura 5.5.2.

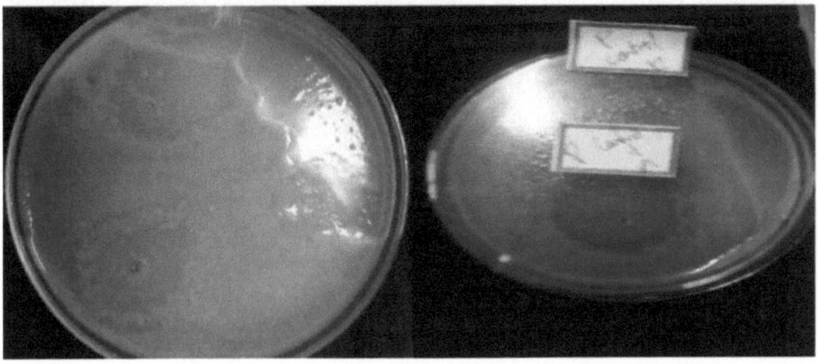

Figura 5.5.2 Zona de inibição das amostras de plantas a uma concentração de 1000pg/ml

Determinação da concentração inibitória mínima.

A concentração inibitória mínima (CIM) foi verificada para *Pseudomonas aeruginosa* através do método espetrofotométrico. As amostras foram preparadas e verificadas após 24 horas à absorvância a 595nm. O valor global obtido está resumido na tabela 5.5.3.

Tabela 5.5.3. Absorvância das amostras de plantas após 24 horas de incubação

Concentração da amostra de plantas (pg/ml)	DO a 595 nm
500	-0.020
250	-0.001
125	-0.007
62.5	-0.001
Controlo (Ampicilina)	0.016

A percentagem mínima da amostra de planta necessária para matar as bactérias foi encontrada na concentração de 500^g/ml, que mostrou a DO como -0,020. O valor negativo da amostra mostra que a amostra de planta contém um potencial inibitório para inibir completamente o crescimento da bactéria. Além disso, as concentrações de 500Lig/ml e 250ug/ml também mostraram uma inibição eficaz das bactérias quando comparadas com o controlo (Ampicilina).

Taxa de morte

A taxa de morte foi realizada para determinar a eficácia e o tempo necessário para a atividade bactericida da amostra de planta *Murraya koenigii* e *Asparagus racemosus* contra *P.aeruginosa.* A taxa de morte foi efectuada em determinados intervalos de tempo 0 hora, 2 hora, 4 hora, e 24 hora. A percentagem de inibição foi calculada utilizando os valores de DO medidos a 595nm. A taxa de morte da *P.aeruginosae é* apresentada na tabela seguinte (5.5.4)

Tabela 5.5.4: Percentagem de inibição das amostras de plantas em diferentes intervalos de tempo

Concentração das amostras de plantas (µg/ml)	Diferentes intervalos de tempo			
	0ª hora (%)	2 horas (%)	4 horas (%)	24 horas (%)
1000	25	55.7	75	100
500	15	32.6	80	100
250	21.1	65.0	90	100
125	18.2	32.0	15	100
Controlo	16	15	17	76.47

A taxa de morte de *P.aeruginosa* foi observada como 75% a 1000^g/ml de concentração em 4 horas. Enquanto que, comparando com o controlo - 17% em 4 horas, a amostra da planta na concentração de 1000^g/ml mostra uma taxa de morte mais eficaz.

Taxa de pH

A atividade antibacteriana da nossa amostra foi verificada gradualmente com o pH a 3,5,7,9 e 12. O pH foi variado para ambas as bactérias. Após incubação durante 24 horas, a zona foi verificada quanto à inibição.

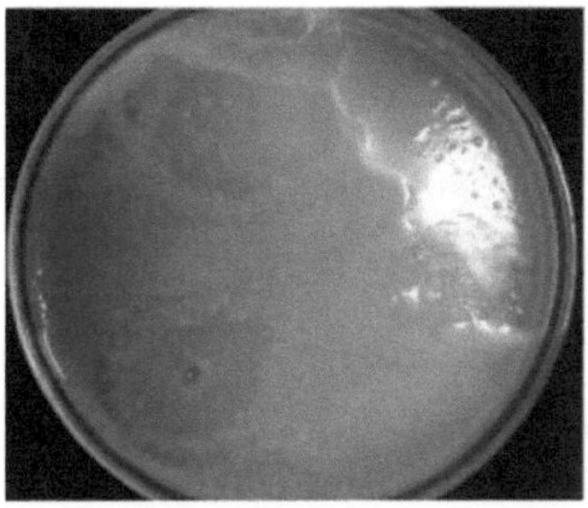

Figura 5.5.5 ZONA OBERVADA EM pH-9

A inibição apareceu para a *Pseudomonas aeruginosa* na concentração de pH-9. Em comparação com o controlo, a concentração de pH-9 mostra uma inibição eficaz das bactérias, como mostra a figura (5.5.5).

Ensaio de violeta de cristal

O ensaio de violeta de cristal foi efectuado para determinar a viabilidade celular. Os pellets bacterianos foram misturados com a solução de violeta de cristal e medidos quanto à DO no espetrómetro a 595 nm. A medição dos compostos absorventes de UV presentes na amostra é um processo que mostra a viabilidade celular para romper a membrana celular. O ensaio de violeta de cristal foi efectuado para *Pseudomonas aeruginosa* e os valores estão resumidos na tabela 5.5.6.

Tabela 5.5.6: Percentagem de viabilidade celular utilizando o ensaio de cristal violeta

Concentração de amostras de plantas Wml)	Percentagem de viabilidade celular
1000	11.34%
500	2.77%
Controlo (Ampicilina)	4.86%

O tratamento com a amostra de planta tornou a bactéria *Pseudomonas aeruginosa* permeável e levou à absorção de violeta de cristal. A percentagem de inibição de células ocorre na concentração de 10)0)0)Lig/ml é de 11,34% e 500^g/ml é de 2,77% com o controlo de 4,86%. enquanto que comparando com o controlo, a amostra da planta na concentração de 1000Lg/ml mostra uma inibição eficaz das células.

Avaliação anti-bacteriana para *Staphylococcus aureus*

A atividade antibacteriana das amostras de plantas contra *Staphylococcus aureus* foi analisada inicialmente pelo método de diluição em ágar e pelo método de difusão em poço de ágar, mais tarde realizado pela Concentração Inibitória Mínima (CIM), Taxa de pH, Taxa de morte, Ensaio de violeta de cristal

Método de difusão em poço de ágar.

A atividade antibacteriana foi testada pelo método de difusão em poço de ágar para *Staphylococcus aureus.* A amostra incubada durante a noite foi verificada quanto à formação de zonas. A zona de inibição é a resposta efectiva do agente antimicrobiano (*Murraya koenigii* e *Asparagus racemosus*) contra a estirpe bacteriana *Staphylococcus aureus.* Após a inibição nocturna, as placas inoculadas foram verificadas.

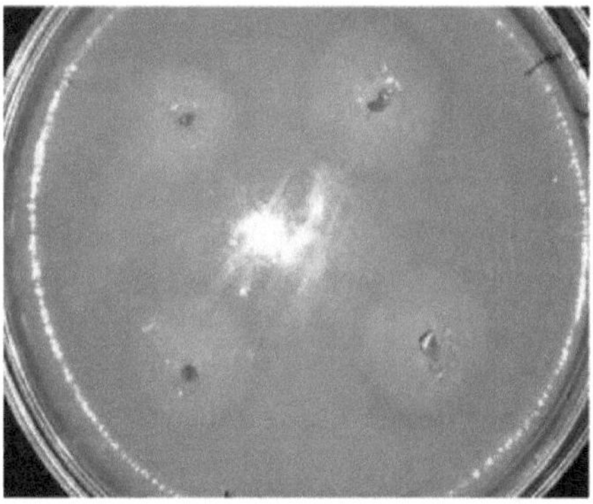

Figura 5.6.1 Zona de inibição da amostra de plantas em diferentes concentrações

Determinação da concentração inibitória mínima.

A concentração inibitória mínima (CIM) foi verificada para *Staphylococcus aureus* através do método espetrofotométrico. As amostras foram preparadas e verificadas após 24 horas à absorvância a 595nm. O valor global obtido está resumido na tabela (5.6.2).

Tabela 5.6.2 Concentração inibitória mínima da amostra de planta

Concentração da amostra de plantas (pg/ml)	DO a 595 nm
500	-0.030
250	-0.002
125	-0.008
62.5	-0.001
Controlo (Ampicilina)	0.016

Taxa de morte

A taxa de morte foi realizada para determinar a eficácia e o tempo necessário para a atividade bactericida da amostra da planta *Murraya koenigii* (folhas de caril) e *Asparagus racemosus* (shatavari) contra *S.aureus*. A taxa de morte foi efectuada em determinados intervalos de tempo 0 hora, 2 hora, 4 hora, e 24 hora. A percentagem de inibição foi calculada utilizando os valores de DO medidos a 595 nm. A taxa de morte do *S.aureus* é dada abaixo na tabela (5.6.3).

Tabela 5.6.3 Taxa de mortalidade para a amostra de planta Murraya koenigii e Asparagus racemosus

Concentração das amostras de plantas (ug/nil)	Diferentes intervalos de tempo			
	0 hora (%)	2 horas (%)	4 horas (%)	24 horas (%)
1000	28	56.7	77	100
500	18	33.6	82	100
250	23.2	67.0	92	100
125	19.2	34.0	55	100
Controlo	17	16	20	76.47

Taxa de pH

A atividade antibacteriana da nossa amostra foi verificada gradualmente com o pH a 3,5,7,9 e 12. O pH foi variado para ambas as bactérias. Após incubação durante 24 horas, a zona foi verificada quanto à inibição.

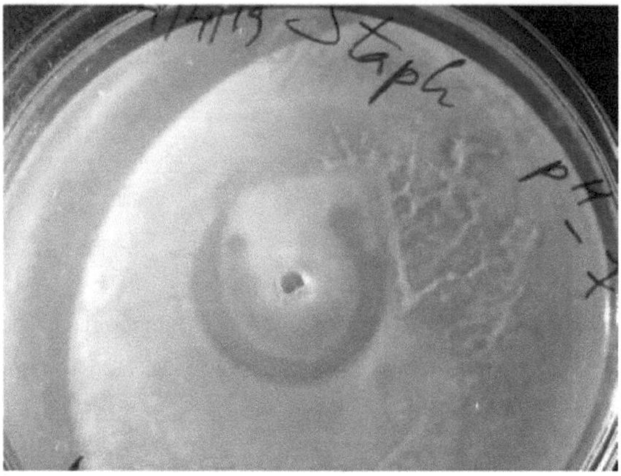

Figura:5.6.4: zona de 1mm observada em ph-7

A zona foi observada em pH-7 como 10mm para *Staphylococcus aureus*. Em comparação com a zona de controlo de 5 mm. A amostra de planta inibe as bactérias a pH-7 é mais eficaz.

Ensaio de violeta de cristal

O ensaio de violeta de cristal foi efectuado para determinar a viabilidade celular. Os pellets bacterianos foram misturados com a solução de violeta de cristal e medidos quanto à DO no espetrómetro a 595 nm. A medição dos compostos absorventes de UV presentes na amostra é um processo que mostra a viabilidade celular para romper a membrana celular. O ensaio de violeta de cristal foi efectuado para *Staphylococcus aureus* e os valores estão resumidos na tabela (5.6.5).

Tabela 5.6.5 Ensaio de violeta de cristal para determinar a viabilidade celular das amostras

Concentração das amostras de plantas (pg/ml)	Percentagem de viabilidade celular
1000	10.34%
500	5.77%
Controlo (Ampicilina)	5.86%

Docagem molecular

Foi efectuada uma análise de acoplamento molecular para identificar a natureza da interação das moléculas ligantes. O Auto Dock é uma ferramenta de acoplamento automático e foi concebido para prever a forma como pequenas moléculas, como substratos e inibidores, se ligam a um recetor de estruturas proteicas 3D conhecidas. Foi utilizada uma interface gráfica de utilizador chamada Auto Dock Tools ou ADT para gerar grelhas e calcular a pontuação de acoplamento. A razão para esta investigação foi verificar a atividade inibidora dos compostos extraídos de *Murraya koenigii* e *Asparagus racemosus* para a estrutura cristalina do regulador do fator de virulência obtido do banco de dados de proteínas com ID PDB: 2OZ6. Os ligandos foram obtidos a partir da análise GC-MS e utilizados para o estudo de acoplamento. O ligando de referência foi tomado como estrutura cristalina da enzima acil OXA-10 K70C-Ampicilina a pH 7. A fim de validar a bolsa do sítio ativo, o ligando de referência foi novamente acoplado e a pontuação de acoplamento foi de - 6,21 kcal/mol.

Análise da ligação da ampicilina (AMP7) com 2OZ6

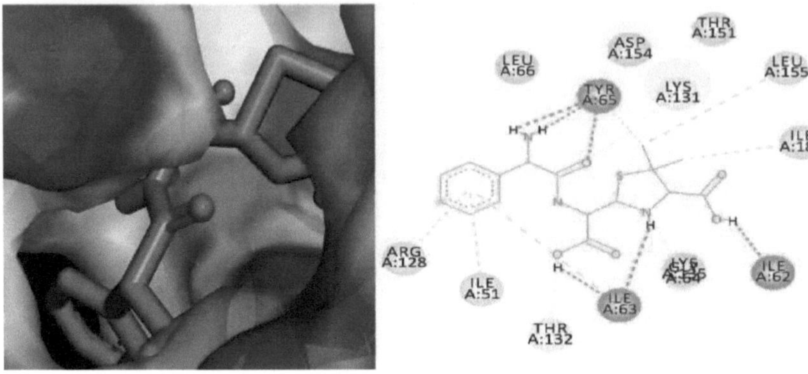

Figura 5.7.1 Análise da ligação da ampicilina com 2OZ6 e suas interações

A análise da ligação da ampicilina à 2OZ6 e as suas interações são apresentadas na figura 5.7.1. O ligando de referência AMP7 em relação à proteína 2OZ6 apresentou uma pontuação de acoplamento de -6,21Kcal mol^{-1} . Verificou-se uma interação volumosa no anel de benzeno do ligando. A molécula está rodeada por compostos polares como Arg128, Asp154, Thr151, Thr132. O aminoácido Tyr65 apresenta três interações com o ligando nos átomos de hidrogénio. O composto não polar, nomeadamente o Ile62, também está presente no composto. Existem interações como ligações de hidrogénio convincentes e interações de van der walls, etc. Os aminoácidos Leu155 e Ile180 apresentam uma interação alquil com o grupo sulfoxilo do anel. A ampicilina é um composto antibiótico muito utilizado, com um peso molecular de 349,405 g/mol e 3 doadores de hidrogénio e 6 aceitadores de hidrogénio.

Análise da ligação do aromadendreno (MG01) com 2OZ6

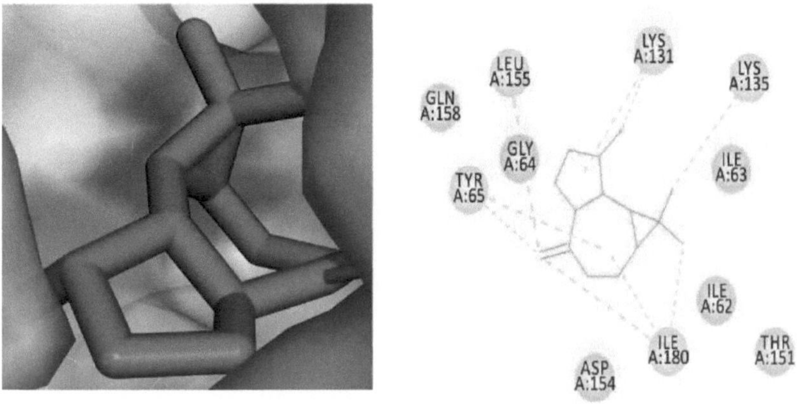

Figura 5.7.2 Análise da ligação do ligando (MG01) com 2OZ6 e suas interações

A análise da ligação do MG01 com a 2OZ6 e as suas interações é apresentada na figura 5.7.2. O composto MG01 é compactamente acoplado à proteína 2OZ6. O ligando tem mais interações alquilo no anel aromadendreno com aminoácidos não polares Leu155, Lys131, Lys135, Ile180, Try65. O ligando está rodeado pelos aminoácidos hidrofóbicos Ile63, Ile62, Gly64 e pelos aminoácidos polares Gln158, Asp154 e Thr151 com interação de Vanderwaals. O composto tem interações de empilhamento com o anel de benzeno e o anel de pentoxi. O composto revela que a pontuação de acoplamento foi de -6,65 Kcal mol-1. Quando comparado com o ligando de referência, este composto apresenta uma ligação mais eficaz. Este composto satisfaz a regra de Lipinski de 5 e tem uma massa molecular de 204 dalton com zero ligações de hidrogénio dador e aceitador, o valor logP de 4,27 com refratividade molar de 64,512.

Análise da ligação do EPÓXIDO DE TRANS-Z-.ALFA.-BISABOLENO (MG02) com 2OZ6

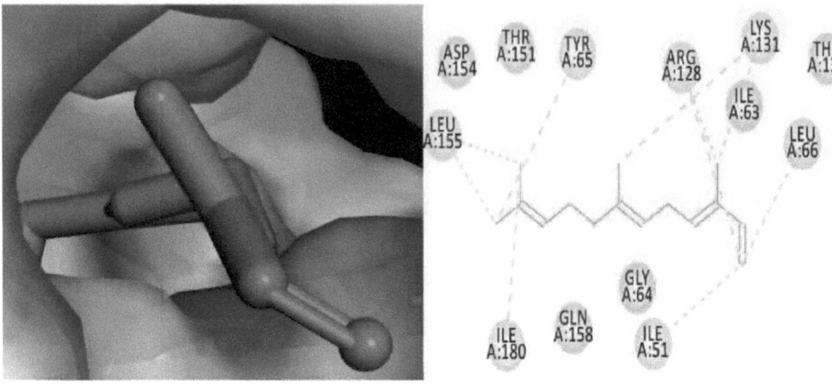

Figura 5.7.3 Análise da ligação do ligando MG02 com 2OZ6 e suas interações

A análise da ligação do MG02 com a 2OZ6 e as suas interações é apresentada na figura 5.7.3. O composto MG02 está compactamente acoplado à proteína 2OZ6. O ligando tem mais interações alquílicas no anel trans-z-alfa com aminoácidos não polares como Leu155, Ile180, Ile51, Lys131, Leu66. O ligando está rodeado de aminoácidos hidrofóbicos como Leu155, Leu66 e aminoácidos polares como Tyr65, Arg128. O composto revela uma pontuação de acoplamento de -6,65Kcal mol^{-1} . Quando comparado com o ligando de referência, este composto apresenta uma ligação mais eficaz. Este composto satisfaz a regra de Lipinski de 5 e tem uma massa molecular de 204 dalton com zero ligações de hidrogénio dador e aceitador, o valor logP de 5,2 com refratividade molar de 70,9.

5.7.4. Análise da ligação do 1H-ciclopro p[E]azuleno,decahidro-1,1,7-trimetil-4-metileno- ,[1AR (MG03) com 2OZ6

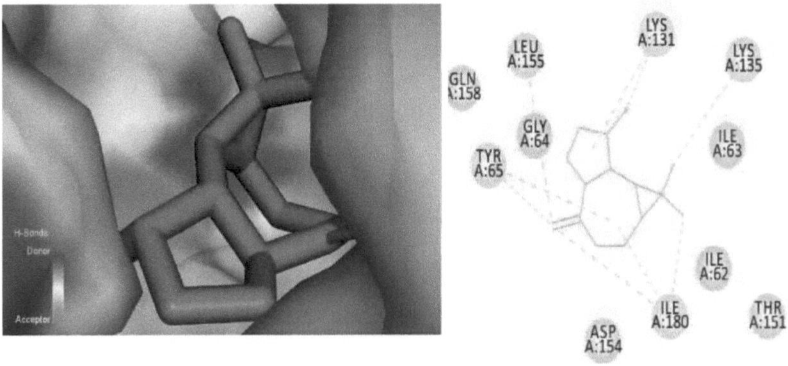

Figura 5.7.4 Análise da ligação do ligando MG03 com 2OZ6 e sua interação

A análise da ligação do MG03 com o 2OZ6 e as suas interações são apresentadas na figura 5.7.4. O composto MG03 é compactamente acoplado ao composto 2OZ6, o que revela a pontuação de acoplamento -6,65Kcal mol^{-1}, quando comparado com a molécula de referência, este composto CYP6 é mais ativo e está bem localizado no sítio ativo da proteína. Este ligando tem uma maior interação alquílica no anel com aminoácidos não polares como Ile180, Leu155, Lys131 e Ile63 e também foi rodeado pelo aminoácido hidrofóbico Leu66 e aminoácidos polares como Asp154, Thr132 com interação de Vanderwaals. Este composto também satisfaz a regra dos cinco de Lipinski, tendo a massa molecular de 204 daltons com 1 ligação de hidrogénio doador e 1 aceitador, valor Log P de 4,2 e refratividade molar de 64,5.

Análise da ligação de 1 Butanol 4 butoxi (MG04) com 2OZ6

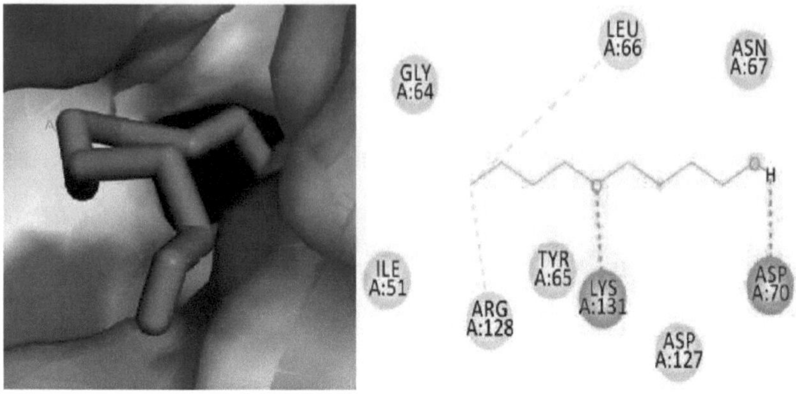

Figura 5.7.5 Análise da ligação do ligando MG04 com 2OZ6 e sua interação

A análise da ligação de MG04 com 2OZ6 e as suas interações são apresentadas na figura 5.7.5. O composto MG04 está bem acoplado à proteína 2OZ6, o que revela uma pontuação de acoplamento de -3,26Kcal mol^{-1} O ligando tem a interação alquilo com dois aminoácidos, como o Leu66 hidrofóbico e o Arg128 polar, e também tem interações convencionais de ligação de hidrogénio com o Lys131 polar e o Asp70 não polar. O composto BBZ6 foi rodeado pelos aminoácidos hidrofóbicos Gly64 e Ile51, tendo a interação de Vanderwaals. Este ligando satisfaz a regra dos cinco de Lipinski, que estabelece que a massa molecular é de 146 daltons com 1 doador de ligações de hidrogénio e 2 aceitadores de ligações de hidrogénio, tendo o valor LOG P de 1,57560 com Refratividade Molar M de 42,046787.

Análise da ligação do óxido de cariofileno (MG05) com 2OZ6

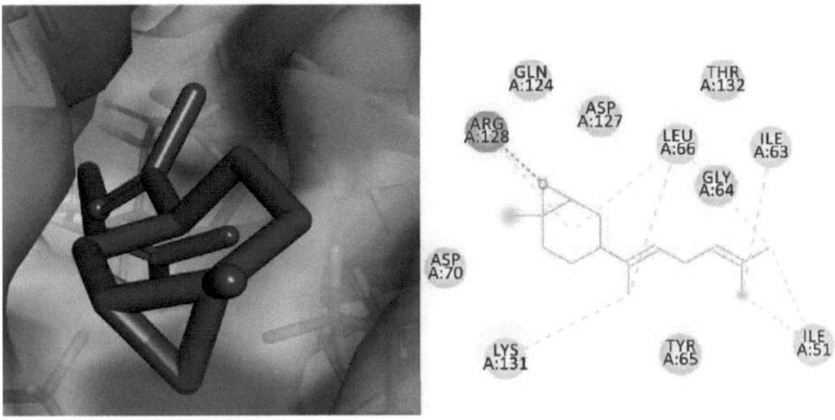

Figura 5.7.6 Análise da ligação do ligando MG05 com 2OZ6 e sua interação

A análise da ligação de MG05 com 2OZ6 e as suas interações são apresentadas na figura 5.7.6. O composto MG05 está bem acoplado à proteína 2OZ6, o que revela uma pontuação de acoplamento de -6,65Kcal mol^{-1} . O ligando tem uma interação alquílica com os aminoácidos não polares, tais como Ile63, Ile51, Lys131 e uma interação de Vander Wals com o aminoácido não polar Gly64. Que também tem a interação convencional de ligação de hidrogénio no anel de benzeno do cariofileno com o aminoácido Arg128. O ligando está rodeado por aminoácidos não polares, nomeadamente Gln124, Asp127, Thr132, Tyr65 e Asp70, que têm a interação de Vanderwaals. Este ligando satisfaz a regra de Lipinski de 5, que estabelece a massa molecular de 220 dalton, zero doador de ligações de hidrogénio, 1 aceitador de ligações de hidrogénio com fase logarítmica 4,2465 e refratividade molar de 68,423.

Ácido sulfuroso, pentadecil 2-propiléster (MG06) com proteína 2OZ6

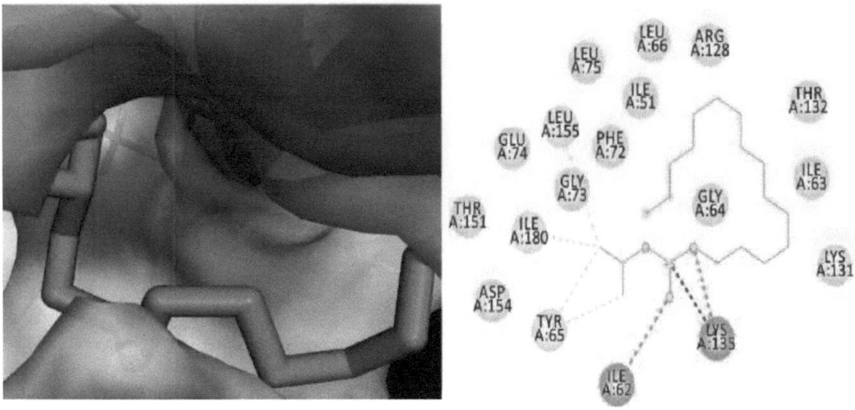

Figura 5.7.7 Análise da ligação do ligando MG06 com 2OZ6 e sua interação

A análise da ligação do MG06 com a 2OZ6 e as suas interações são apresentadas na figura 5.7.7. O composto MG06 está bem acoplado à proteína 2OZ6, o que revela uma pontuação de acoplamento de -5,50Kcal mol-1. O ligando tem uma interação alquílica no grupo Penta decil com os aminoácidos não polares Leu155, Ile180 e o aminoácido polar Tyr65. O ligando tem também a interação convencional de ligação de hidrogénio, que se volta para a interação desfavorável positivo-positivo com o aminoácido polar Lys135. O ligando está rodeado por interações de van der Waals com os aminoácidos polares Asp154, Thr151, Glu74, Thr132 e pelos aminoácidos não polares Gly73, Phe72, Leu75, Ile51, Leu66, Ile63, Lys131. Este ligando satisfaz a regra de Lipinski de 5 estados a massa molecular de 334, doador de ligação de hidrogénio zero, 3 aceitadores de ligação de hidrogénio com fase log 6.963602 e refração molar com 96.145462.

Tabela 5.8 ID do composto, pontuação de acoplamento e interação de ligação de hidrogénio com para os compostos biológicos

Nome do composto	Composto ID	Pontuação de docking (kcal/mol)	Interação de ligações de hidrogénio
Epóxido de trans-z-alfa-bisaboleno	MG02	-6.65	Leu155, Tyr65, Arg128, Lys131, Ile63, Leu66, Ile51,Ile180
Óxido de cariofileno	MG05	-6.65	Arg128, Leu66, Gly64, Ile63, Ile51, Lys131
IH-cyclopro p[E] azulene,decahyd ro-1,1,7-trimethyl-4 methylene-,[1AR	MG03	-6.65	Tyr65, Gly64, Leu155, Lys 131, Lys135, Ile180
Aromadendreno	MG01	-6.65	Tyr65, Gly64, Leu155, Lys131, Lys135, Ile180.
1 butanol,4-butoxi-	MG04	-3.26	Arg128, Leu66, Lys131, Asp70
Ácido sulfuroso, 2-propiléster pentadecílico	MG06	-5.50	Tyr65, Ile180, Gly73, Leu155, Ile62, Lys135

5.9. Análise ADME para os compostos

Na moderna descoberta de medicamentos, o potencial de um novo composto é frequentemente investigado inicialmente sem o fabricar ou testar. A probabilidade de um composto ter uma atividade terapêutica útil é prevista a partir da sua estrutura molecular. Um medicamento deve ter um equilíbrio adequado de solubilidade em água e em solventes não polares. Deve ser suficientemente solúvel em água para que possa ser transportado pelo corpo na corrente sanguínea e em solventes não polares para que possa atravessar as membranas celulares e entrar nas células. A regra descreve as propriedades moleculares importantes para a farmacocinética de um medicamento no corpo humano, incluindo a sua absorção, perturbação, metabolismo e excreção (ADME). Os compostos foram verificados quanto à regra dos 5 de Lipinski com o sítio Web chemspider.

Tabela 5.9 Propriedades ADME dos compostos

Nome dos compostos	Critérios da regra dos 5 de Lipinski					Regra Lipinski
	Massa molecular	**Log P**	**Dador de hidrogénio**	**Aceitador de hidrogénio**	**Refratividade molecular**	
Epóxido de trans-z-alfa-bisaboleno	204	5.201	0	0	70.99	Não violado
Óxido de cariofileno	220	4.246	0	1	68.42	Violado
IH-ciclopro p[E] azuleno,deca-hidro-1,1,7-trimetil-4-metileno-,[1AR	204	4.270	0	0	64.51	Violado
Aromadendreno	204	4.270	0	0	64.51	Violado
1 butanol,4-butoxi-	146	1.575	1	2	42.046	Violado
Ácido sulfuroso, pentadecil-2-propiléster	334	4.963	0	3	96.14	Violado

CAPÍTULO 6
CONCLUSÃO

6. CONCLUSÃO

Na geração atual, o interesse pelo estudo dos produtos naturais à base de plantas e pela sua formulação está a crescer rapidamente, especialmente durante a extração de um composto bioativo e a análise qualitativa.

Por isso, estudámos e realizámos o nosso trabalho sobre a variação dos métodos de extração para os materiais vegetais selecionados. Entre os métodos acima referidos, o método de ultra-sons deu o melhor resultado e, utilizando vários solventes como hexano, acetato de etilo, éter de petróleo, etanol, utilizados para a extração de compostos bioactivos do extrato de folhas de *Murraya koenigii* e *Asparagus racemosus*, o solvente acetato de etilo foi mais eficiente).

O valor Rf indica que a amostra foi bem extraída no solvente polar. A purificação das amostras extraídas foi efectuada e a análise fitoquímica foi realizada para encontrar os compostos bioactivos presentes na amostra. O teste de esterilidade provou que a nossa amostra está livre de contaminação bacteriana, pelo que procedemos à caraterização e aos estudos antibacterianos. A caraterização foi efectuada no GC-MS. Os compostos foram obtidos com estrutura. A avaliação antibacteriana dos compostos extraídos contra duas amostras bacterianas foi efectuada em *Staphylococcus aureus* e *Pseudomonas aeruginosa.* Os estudos, como o método de difusão em ágar, a concentração inibitória mínima, a taxa de morte, a taxa de pH e o ensaio de violeta de cristal. Com base nos resultados, a atividade foi muito mais eficaz em *taphylococcus aureus* do que em *Pseudomonas aeruginosa.* Por conseguinte, a proteína de *Staphylococcus aureus* foi concentrada no processo de acoplamento molecular.

Os compostos obtidos a partir da análise GC-MS foram verificados e os compostos que satisfaziam a regra da probabilidade de droga. Foram acoplados à proteína 6C5N e a sua pontuação foi calculada. Com base na pontuação de acoplamento, proceder-se-á à formulação do medicamento antibacteriano.

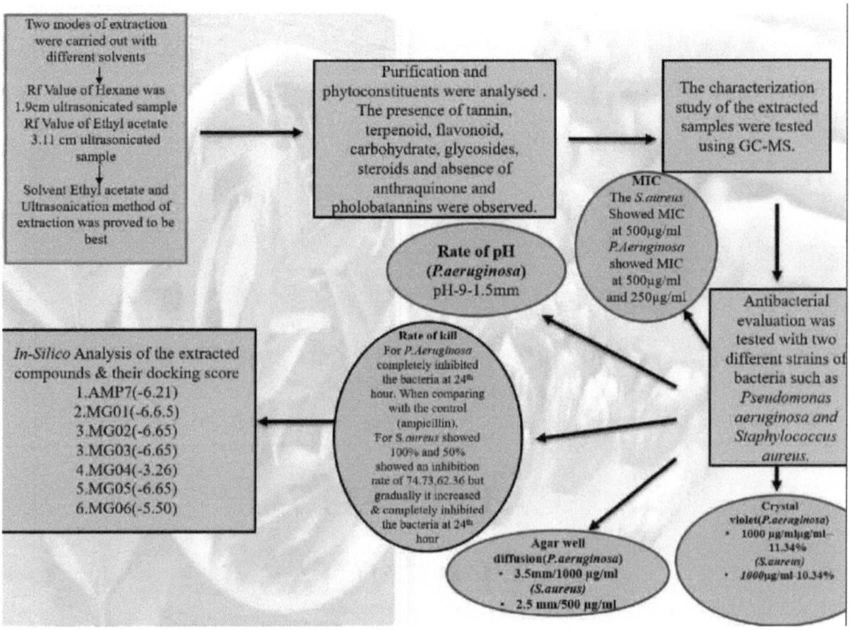

Figura 6.1 Conclusão geral do trabalho

CAPÍTULO 7
REFERÊNCIAS

REFERÊNCIAS

1. (Helmenstine AM, Helmenstine. Esta lista de medicamentos derivados de plantas pode surpreender-te [Internet]. ThoughtCo. [citado 2018Nov3]. Disponível em: https://www.thoughtco.com/drugs- and-medicine-made-from-plants-608413

2. Medicina popular | Encyclopedia.com [Internet]. Encyclopedia.com. 2018 [citado 27 de dezembro de 2018]. Disponível em: https://www.encyclopedia.com/medicine/divisions-diagnostics-and- procedures/medicine/folk-medicine)(Folk Medicine [Internet]. Kultur.gov.tr. 2018 [citado 27 de dezembro de 2018]. Disponível em: http://www.kultur.gov.tr/EN-98550/folk-medicine.html

3. Âmbito e importância da medicina tradicional [Internet]. Niscair.res.in. 2018 [citado 27 dezembro 2018]. Disponível em: http://www.niscair.res.in/sciencecommunication/researchjournals/rejour/ijtk/Fulltextsearch/2003/July%202003/IJTK-Vol%202(3)-July%202003-pp%20236-239.htm

4. Vickers A, Zollman C, Lee R. Herbal medicine. Western Journal of Medicine. 2001 Aug;175(2):125.

5. Kiyohara H, Matsumoto T, Yamada H. Efeitos combinados de ervas numa fórmula multi-herbácea: expressão da atividade imuno-moduladora do Juzen-taiho-to no sistema imunitário intestinal. Medicina Alternativa e Complementar Baseada em Evidências. 2004;1(1):83-91.

6. Zhang M, Hettiarachchy NS, Horax R, Kannan A, Muhundan A, Mallangi R. Fitoquímicos, atividade antioxidante e antimicrobiana das folhas de Hibiscus sabdariffa, Centella asiatica, Moringa oleifera e Murraya koenigii [Internet]. Jornal de Investigação de Plantas Medicinais. Academic Journals; 2011 [cited 2018Nov3]. Disponível em: https://academicjournals.org/journal/JMPR/article-abstract/7CFB44024285

7. Sharma S, Arora S. Pharmaceutical activities of Phytochemicals in Murraya spp.-a review. Journal of Pharmacy Research. 2015 May 5:217-36.

8. Rajendran MP, Pallaiyan BB, Selvaraj N. Composição química, perfil antibacteriano e antioxidante do óleo essencial das folhas de Murraya koenigii (L.). Revista Avicena de fitomedicina. 2014 maio;4(3):200.

9. Nagappan T, Ramasamy P, Wahid ME, Segaran TC, Vairappan CS. Atividade biológica dos alcalóides de carbazole e do óleo essencial de Murraya koenigii contra micróbios resistentes a antibióticos e linhas de células cancerígenas. Molecules. 2011 Nov 21;16(11):9651-64.

10. Ningappa MB, Dhananjaya BL, Dinesha R, Harsha R, Srinivas L. Propriedade antibacteriana potente da proteína APC das folhas de caril (Murraya koenigii L.). Química alimentar. 2010 Feb 1;118(3):747-50.

11. Goutam M.P. e Purohit R.M., Antimicrobial activity of the essential oil of the leaves of Murraya koenigii. Indian J of Pharms, 36, 11 (1974)

12. Narasimhan N.S., Paradkar M.V., Chitguppi V.P. e Kelkar S.L., Alkaloids of Murraya koenigi, Structures of mahanimbine, koenimbine, mahanine, koenine, koenigine and koenidine, Indian J Chem., 13, 993 (1975)

13. Mishra M.K., Sahu R.V., Goojar M., Prajapati N. e Pathak K., Anti-fungal Potential of leaf extract of Murraya koenigii, Int J Res Aurveda Pharm., 1(2), 549- 552 (2010)

14. Kumar NS, Mukherjee PK, Bhadra S, Saha BP, Pal BC. Potencial inibidor da acetilcolinesterase de um alcaloide carbazol, a mahanimbina, de Murraya koenigii. Phytotherapy Research: Um Jornal Internacional Dedicado à Avaliação Farmacológica e Toxicológica de Derivados de Produtos Naturais. 2010 Apr;24(4):629-31.

15. Patidar K. Desenvolvimento de um champô poli-herbáceo para atividade antifúngica e sua comparação com o champô disponível no mercado: Um artigo de investigação. Jornal Asiático de Farmácia (AJP): Artigos de texto completo gratuitos da Asian J Pharm. 2018 Nov 6;12(03).

16. Tachibana Y., Kikuzaki H., Lajis N.H., Nakatani N., Antioxidative activity of carbazoles from Murraya koenigii leaves, J Agric Food Chem., 49(11), 5589-5594 (2001)

17. Poh KH, Muhammad N, Abdullah N, Talip BA. Avaliação da atividade antioxidante de extractos individuais e de misturas de erva-cidreira, folhas de caril, curcuma e gengibre. Jornal de Ciência e Tecnologia. 2018 Aug 1;10(2).

18. Tachibana Y, Kikuzaki H, Lajis NH, Nakatani N. AntiOxidative Activity of Carbazoles from Murraya koenigii leaves. Jornal de Química Agrícola e Alimentar 2001; 49:5589-5594.

19. Sepahpour S, Selamat J, Abdul Manap MY, Khatib A, Abdull Razis AF. Análise Comparativa da Composição Química, Atividade Antioxidante e Caracterização Quantitativa de Alguns Compostos Fenólicos em Ervas e Especiarias Selecionadas em Diferentes Sistemas de Extração de Solventes. Molecules. 2018 Feb 13;23(2):402.

20. Parmar S, Gangwal A, Sheth N. Estabilização da membrana dos mastócitos e acções anti-histamínicas - possível mecanismo de ação da ação anti-inflamatória da Murraya koenigii. J Curr Pharm Res. 2010;2(1):21-5.

21. Prasad GB, Dua VK, Mathur AB. Atividade anti-inflamatória dos extractos de folhas de Murraya koenigii L. Int J Pharm Biol Sci. 2011;2(1):541-4.

22. Gupta S, George M, Singhal M, Sharma GN, Garg V. Extrato de folhas de Murraya Koenigii linn para atividade anti-inflamatória e analgésica em modelos animais. Jornal de tecnologia farmacêutica avançada e investigação. 2010 Jan;1(1):68.

23. Chaudhary D, Paudel S, Rana RM, Timsina S, Malla KP, Giri PM, Neupane BP. Inibição da cristalização de oxalato de cálcio in vitro por extrato metanólico de folhas de Murraya koenigii (L.) Spreng. métodos. 2018;17:18.

24. Mandal S, Nayak A, Kar M, Banerjee SK, Das A, Upadhyay SN et.al, Antidiarrhoeal activity of carbazole alkaloids from Murraya koenigii Spreng (Rutaceae) seeds. Fitoterapia 2010; 8(1):72-74.

25. Nutan MTH, Hasnat A, Rashid MA, Actividades Antibacterianas e Citotóxicas de Murraya koenigii, Fitoterapia, 1998; 69(2):173-175.

26. Khan BA, Abraham Annie, Leelamma S, Efeitos antioxidantes da folha de caril Murraya koenigii e das sementes de mostarda, Brasica juncea, em ratos alimentados com uma dieta rica em gordura, Ind. Jour. Exp. Biol.,1997; 35: 148-150.

27. Kok YY, Mooi LY, Ahmad K, Sukari MA, Mat N, Rahmani M, Ali AM. Atividade promotora anti-tumoral e propriedades antioxidantes da girinimbina isolada da casca do caule de Murraya koenigii S. Molecules. 2012 Abr 20;17(4):4651-60.

28. Roy MK, Thalang VN, Trakoontivakorn G, Nakahara K. Mechanism of mahanine-induced apoptosis in human leukemia cells (HL-60). Farmacologia bioquímica. 2004 Jan 1;67(1):41-51.

29. Xie JT, Chang WT, Wang CZ, Mehendale SR, Li J, Ambihaipahar R, Ambihaipahar U, Fong HH, Yuan CS. A folha de caril (Murraya koenigii Spreng.) reduz os níveis de colesterol e glicose no sangue em ratinhos ob/ob. O Jornal Americano de Medicina Chinesa. 2006;34(02):279-84.

30. Potencial antioxidante dos extractos de folhas de caril (Murraya koenigii L.) e hortelã (Mentha spicata) e o seu efeito na cor e estabilidade oxidativa da carne de porco crua moída durante o armazenamento em refrigeração [Internet]. Food Chemistry. Elsevier; 2012 [citado 2018Nov3]. Disponível em: https://www.sciencedirect.com/science/article/pii/S0308814612001094

31. Mandal SC, Nandy A, Pal M, Saha BP. Avaliação da atividade antibacteriana da raiz de Asparagus racemosus Willd. Phytotherapy Research: An International Journal Devoted to Pharmacological and Toxicological Evaluation of Natural Product Derivatives. 2000 Mar;14(2):118-9.

32. Venkatesan N, Thiyagarajan V, Narayanan S, Arul A, Raja S, Kumar SV, Rajarajan T, Perianayagam JB. Potencial antidiarreico dos extractos de raiz selvagem de Asparagus racemosus em animais de laboratório. J Pharm Pharm Sci. 2005 Jan 1;8(1):39-46.

33. Bopana N, Saxena S. Asparagus racemosus-Ethnopharmacological evaluation and conservation needs. Jornal de etnofarmacologia. 2007 Mar 1;110(1):1-5.

34. Sekine T, Ikegami F, Fukasawa N, Kashiwagi Y, Aizawa T, Fujii Y, Ruangrungsi N, Murakoshi I. Estrutura e estereoquímica relativa de um novo alcaloide policíclico, asparagamina A, com atividade anti-oxitocina, isolado de Asparagus racemosus. Journal of the Chemical Society, Perkin Transactions 1. 1995(4):391-3.

35. Panghal M, Kaushal V, Yadav JP. Atividade antimicrobiana in vitro de dez plantas medicinais contra isolados clínicos de casos de cancro oral. Anais de Microbiologia Clínica e Antimicrobianos. 2011 Dec;10(1):21.

36. Shah MA, Abdullah SM, Khan MA, Nasar G, Saba I. Atividade antibacteriana de constituintes químicos isolados de Asparagus racemosus. Bangladesh J Pharmacol. 2014 Jan 1;9:1-3.

37. Goyal RK, Singh J, Lal H. Asparagus racemosus - Uma atualização. Jornal indiano de ciências médicas. 2003 Sep 1;57(9):408-14.

38. Potduang B, Meeploy M, Giwanon R, Benmart Y, Kaewduang M, Supatanakul W. Actividades biológicas de Asparagus racemosus. Jornal Africano de Medicinas Tradicionais, Complementares e Alternativas. 2008;5(3):230-7.

39. Goel RK, Sairam K. Anti-ulcer drugs from indigenous sources with emphasis on Musa sapientum, tamrahbasma, Asparagus racemosus and Zingiber officinale. Indian Journal of Pharmacology. 2002 Jan 1;34(2):100-10.

40. Wiboonpun N, Phuwapraisirisan P, Tip-pyang S. Identificação do composto antioxidante de Asparagus racemosus. Investigação em Fitoterapia: An International Journal Devoted to Pharmacological and Toxicological Evaluation of Natural Product Derivatives. 2004 Sep;18(9):771-3.

41. Goel RK, Sairam K. Anti-ulcer drugs from indigenous sources with emphasis on Musa sapientum, tamrahbasma, Asparagus racemosus and Zingiber officinale. Indian Journal of Pharmacology. 2002 Jan 1;34(2):100-10.

42. Alok S, Jain SK, Verma A, Kumar M, Mahor A, Sabharwal M. Perfil da planta, fitoquímica e farmacologia de Asparagus racemosus (Shatavari): A review. Jornal do Pacífico Asiático de doenças tropicais. 2013 Jun;3(3):242.

43. Suchita M, Dixit PK, Gautam RK, Gupta MM. Atividade anti-inflamatória in vitro do extrato hidroalcoólico das raízes de Asparagus racemosus. Int J Res. Pharm Sci. 2013;4(2):203-6.

44. B Aggarwal B, Prasad S, Reuter S, Kannappan R, R Yadav V, Park B, Hye Kim J, C Gupta S, Phromnoi K, Sundaram C, Prasad S. Identificação de novos agentes anti-inflamatórios da medicina ayurvédica para a prevenção de doenças crónicas: farmacologia inversa e abordagem da bancada. Current drug targets. 2011 Oct 1;12(11):1595-653.

45. Vadivelan R, Dipanjan M, Umasankar P, Dhanabal SP, Satishkumar MN, Antony S, Elango K. Hypoglycemic, antioxidant and hypolipidemic activity of Asparagus racemosus on streptozotocin-induced diabetic in rats. Avanços na investigação científica aplicada. 2011;2(3):179- 85.

46. Umashanker M, Shruti S. Fitoterapia tradicional indiana utilizada como antipirético, antiulceroso, anti-diabético e anticancerígeno: A review. IJRPC. 2011;1(4):1152-9.

47. Hannan JM, Ali L, Khaleque J, Akhter M, Flatt PR, Abdel-Wahab YH. Antihyperglycaemic activity of Asparagus racemosus roots is partly mediated by inhibition of carbohydrate digestion and absorption, and enhancement of cellular insulin action. British Journal of Nutrition. 2012 maio;107(9):1316-23.

48. Alok S, Jain SK, Verma A, Kumar M, Mahor A, Sabharwal M. Perfil da planta, fitoquímica e farmacologia de Asparagus racemosus (Shatavari): A review. Jornal do Pacífico Asiático de doenças tropicais. 2013 Jun;3(3):242.

49. Bopana N, Saxena S. Asparagus racemosus-Ethnopharmacological evaluation and conservation needs. Jornal de etnofarmacologia. 2007 Mar 1;110(1):1-5.

50. Bopana N, Saxena S. Asparagus racemosus-Ethnopharmacological evaluation and conservation needs. Jornal de etnofarmacologia. 2007 Mar 1;110(1):1-5.

51. ATE§ DA, TURGAY O. Actividades antimicrobianas de vários extractos de plantas medicinais e comerciais. Turkish Journal of Biology. 2003 Sep 4;27(3):157-62.

52. Kusuma IW, Kuspradini H, Arung ET, Aryani F, Min YH, Kim JS, Kim YU. Atividade biológica e análise fitoquímica de três plantas medicinais da Indonésia, Murraya koenigii, Syzygium polyanthum e Zingiber purpurea. Jornal de Acupunctura e Estudos dos Meridianos. 2011 Mar 1;4(1):75-9.

53. Vats M, Singh H, Sardana S. Triagem fitoquímica e atividade antimicrobiana de raízes de Murraya koenigii (Linn.) Spreng.(Rutaceae). Revista Brasileira de Microbiologia. 2011 Dec;42(4):1569-73.

54. Iyer D, Devi U. Phyto-pharmacology of Murraya koenigii (L.). Revisões de Farmacognosia. 2008;2(3):180.

MIX
Papier aus verantwortungsvollen Quellen
Paper from responsible sources
FSC® C105338

Printed by Books on Demand GmbH, Norderstedt / Germany